科學
圖書館

開啟孩子的視野

科學
圖書館

開啟孩子的視野

科學
圖書館

開啟孩子的視野

科學
圖書館
開啟孩子的視野

原來科學家這樣想 2

為什麼量子不能被複製

汪詰 著　龐坤 繪

目錄

第1章　「微波」戰爭

第2章　光電效應和黑體輻射

用不一樣的角度看世界

曾明騰／SUPER 教師

　　我們都聽說過相對論，但你聽過量子力學嗎？其實量子力學跟大家的生活息息相關！當你使用3C數位產品或享受便利的網路服務時，這些應用都與半導體產業有關，而半導體產業又跟量子力學有著密不可分的關係！有趣的是，開啟相對論和量子力學這兩扇科學大門的鑰匙，竟然就是我們每天都接觸的「光」。

　　這一切要從「微波大戰」說起。科學界在17世紀時曾經發生一場光學論述大戰，主角是兩位很有名的科學家，一位是鼎鼎大名的牛頓，另一位是惠更斯。

　　1666年牛頓透過三稜鏡將陽光色散出彩色光譜，進而提出光的微粒理論，但漸漸地人們發現，有些光學現象在牛頓微粒說之下有點格格不入。這時候，有「荷蘭阿基米德」之稱的惠更斯出現了。他在1678年提出光的波動理論，認為光不是由微粒所組成，而是一種波。這完全跟牛頓的微粒說概念背道而馳，因此引爆所謂的「微波大戰」，也就是微粒說與波動說的論述大戰。

最後，這場微波大戰到底是誰獲勝呢？

一開始大師級的牛頓佔上風，直到1800年，一位牛頓的鐵粉卻不認為牛頓永遠都正確的醫生—湯瑪斯·楊（亦稱楊氏），進行物理學史上知名的「雙狹縫干涉實驗」！實驗結果讓波動說重新占上風，但微粒說的信徒們負隅頑抗，不願屈服，直到光在水中傳遞的速率被測量出來後，證實波動說的論述：光在水中傳遞的速率比在空氣中傳遞的速率慢！但波動說真正的勝利卻要等到19世紀末電磁波的發現，證實光就是一種電磁波。

如果你以為波動說自此就能翹起二郎腿，無須擔心自家論述再被挑戰的話，那就大錯特錯了。因為科學家們永遠會抱持著一顆好奇的心，願意花時間去提問、思考、辯論、實驗、歸納、發表，為了探索宇宙間的科學真理，因此任何學說都可能被後來的科學家修正或推翻，看看知名的道耳吞「原子說」就知道了。透過後來科學家發現的自然界特例存在與觀測技術的發達，道耳吞「原子說」的主要核心內容一一被其他的科學家予以修正。

到了19世紀中後期，工業時代興起，工業大國大量地煉鋼，在鋼鐵的生產、加工、處理過程中，鋼水的溫度對產品的品質很重要，但根本不可能用溫度計來測試鋼水的高溫。你猜猜當時的人們是如何測量鋼水溫度呢？答案就是：用看的！

因為鋼鐵在加熱過程中，會先微微發紅，然後變得通紅，再變成黃色，若溫度再高則變成青白色。過程中，需要有經驗的煉鋼工人透過觀察鐵水顏色來估算溫度，但這種方法多少會影響鋼鐵品質。

科學講求實驗證據，數學是科學論述的基礎，觀察與想像是推動新科學論述的動力，可想而知，科學家們對這樣的觀測方式無法苟同，因此後來知名科學家普朗克利用科學觀測的實際現象與相關實驗資料，再透過數學歸納演算而提出「黑體輻射公式」，有效地計算鋼水溫度，避免人為判斷誤差，而普朗克正是量子力學理論的奠基者！

　　在國中理化科中，波動與光學是國二的學生們不陌生的單元，透過本書提到的微波大戰，相信更能讓國中的孩子們特別有感，原來光不只是波動傳遞能量，更是微粒啊！除了認識光的波粒二象性，也能了解在光的反射與折射現象中，原來隱藏著許多科學家對真理的論述與辯論，在在都能讓學生們學習如何提出疑惑→建立假設→實驗探究→整理歸納→論述發表的歷程，這也是有效培養解決問題能力的關鍵思維與行動。

　　希望透過科學家與科學原理的故事和歷程，讓大家可以用更不一樣的角度和思維來看身邊的人事物，也許下一個令人驚豔的科學新原理或新應用，就來自於你那量子糾纏般的聰明腦！

教孩子像科學家一樣思考

　　近兩年，每當我舉辦親子科普講座後，最多家長提問的問題是：「汪老師，能不能推薦幾本科普好書給我家孩子呢？」坦白說，此時我總是有點尷尬，因為我無法脫口而出，熱情地推薦某一本書。

　　回想我小時候看過的科普書，主題大多是「飛碟是外星人的太空船」、「金字塔的神祕力量」等「世界未解之謎」。現在看來，這些書的內容多半屬於偽科學，毫無科學精神可言。

　　當我有分辨科普書的能力時，已經快三十歲了，自然不會再看寫給青少年的科普書。後來，隨著女兒漸漸長大，我開始為她挑選科普書，這才發現，想找到一本讓我完全滿意的青少年科普書，竟然那麼難。雖然市面上有《科學家故事100個》、《10萬個為什麼》、《昆蟲記》、《萬物簡史（少兒彩繪版）》等優秀作品，但我希望孩子閱讀科普書不僅能掌握科學知識，還能領悟科學思維。所謂科學素養，包括科學知識和科學思維，兩者相輔相成，缺一不可。只有兩者均衡發展，才能有效提升個人的科學素養。

也就是說，科學知識要學，但不能只學科學知識；科學家的故事要看，但也不能只看科學家的故事。

比科學故事更重要的是科學思維。

因此，我想寫一套啟發孩子科學思維的叢書，為他們補充並強化科普知識。

跟孩子講如何學習科學思維，遠比成人困難得多，因為科學思維講求邏輯和實證，這些概念比較抽象。若想讓孩子理解抽象的概念，必須結合具體的科學知識和故事，而不是枯燥的說教。所以，給青少年看的科普書，首要重點是「好看」，沒有這個前提，其他都是空談。

在《原來科學家這樣想》這套叢書中，我會用淺顯易懂的語言、生動的故事，解答孩子最好奇的問題。例如：可能實現時間旅行嗎？黑洞、白洞跟蟲洞是什麼？光到底是什麼？量子通信速度可以超光速嗎？宇宙有多大？宇宙的外面還有宇宙嗎？……除了回答孩子的10萬個為什麼，更重要的是教孩子像科學家一樣思考。

科學啟蒙，從這裡開始。

01
Section

牛頓：光的微粒説

> 牛頓的微粒學説，可以解釋光為什麼沿著直線傳播，
> 也可以解釋光的反射現象。

現代物理學就像一座宏偉的大廈。這座大廈有兩根支柱，其中一根叫相對論（theory of relativity），另一根就是本書要講的量子力學（quantum mechanics）。

相對論澈底改變我們對宇宙的看法，量子力學則澈底改變我們的生活。有了量子力學，才會有半導體；有了半導體，才會有人人都在使用的手機和網路。

有趣的是，打開相對論和量子力學大門的是同一樣東西，那就是光。

科學家小檔案

艾薩克・牛頓（Isaac Newton，1643～1727），爵士，英國皇家學會會長，英國著名物理學家。牛頓提出了萬有引力定律、牛頓運動定律，被譽為「近代物理學之父」。

太陽光經過三稜鏡的分解，會在牆上形成彩虹色帶。

　　光，是這個世界最常見，但也是最神祕的現象。自從人類文明誕生以來，我們一直在尋找這個問題的答案：光到底是什麼？

　　故事要從大名鼎鼎的牛頓（Isaac Newton）開始說起。牛頓在劍橋求學的時候，倫敦突然爆發一場大瘟疫。劍橋大學關閉而疏散師生，讓他們回鄉下避難。於是牛頓回到他的出生地 —— 伍爾索普莊園。這段期間，牛頓研究太陽光。當時的人對太陽光的顏色和彩虹的成因爭論不休。1666

年某天，牛頓找來一塊
三稜鏡，並且布置一間
暗房，只在窗戶上開了
一個圓形小孔，讓太陽
光射入。當他用三稜鏡
擋住一束陽光時，在對
面牆上看到像彩虹一樣
鮮豔的七光色帶。牛頓
琢磨思考，為什麼會出
現彩虹呢？無非兩種可
能：一種是光的顏色被

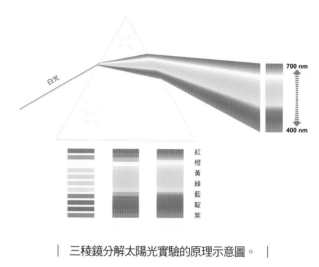

| 三稜鏡分解太陽光實驗的原理示意圖。 |

三稜鏡改變，另一種則是白光本身由七種顏色的光混合而成。到底哪種情況是對的呢？

　　他進一步實驗發現，如果讓七色的光再經過一塊三稜鏡，光的顏色不會再次發生變化，這說明三稜鏡並不能改變光的顏色。但是，當牛頓設法把七種顏色的光再次混合時，七色光帶又變成白光。這證明太陽光雖然看起來是白的，其實它是由七種顏色的光混合而成。

　　三稜鏡分解太陽光的成功實驗，為牛頓後來的光學研究奠定基礎。他認為，光是一連串微粒，就像機關槍射出的一串串子彈。所有的發光物體，不管是太陽還是蠟燭，都不斷地發射無數的微粒。這些微粒如果射到我們的眼睛，就是我們感受到的光。這是牛頓的微粒學說。它可以解釋光為什麼沿著直線傳播，也可以解釋光的反射現象。

　　但是，人們很快發現一些無法用微粒學說解釋的現象，比如說，在手電筒罩上一層有花紋的塑膠紙，然後把手電筒的光照在牆上，就會看到

牆上出現花紋的光影。這時候，再打開另一個手電筒，對著前面那個手電筒照射。按照牛頓的說法，光是一種微粒，那麼兩束交叉的粒子流一定會發生碰撞，導致牆上的圖像變得模糊不清。但實際上，這種情況根本不會發生。無論怎麼照射，兩束光看起來都是井水不犯河水般地相互穿過。牛頓的微粒學說無法解釋這個現象。

| 發光物體發射的微粒射到我們的眼睛裡，就是我們感受到的光。 |

惠更斯：光的波動說

如果光是一種波，
產生光波的振動介質是什麼呢？

與牛頓同時代的荷蘭物理學家惠更斯（Christiaan Huygens）不同意牛頓的看法。惠更斯也是歷史上著名的科學家，他比牛頓大14歲，家境比較富裕。他是少年天才的代表，17歲就被譽為「荷蘭的阿基米德」。無論是牛頓還是惠更斯，數學能力都很強，這一點也不奇怪，因為科學的語言就是數學。惠更斯善於把科學理論和實踐結合在一起，是不折不扣的「實驗狂」。

科學家小檔案

惠更斯（Christiaan Huygens，1629～1695），荷蘭天文學家、數學家、物理學家，介於伽利略與牛頓之間的重要物理學先驅，也是首位發現土衛六，即泰坦星（Titan）的人。

1669年，丹麥人巴托林發現，有一種來自冰島的透明石頭會產生奇妙的雙折射現象。如果

用這塊石頭壓住紙上畫出的一條線，
透過石頭看過去，一條線會變成兩條
線，這種石頭就是冰洲石。其實大部
分晶體都能展示雙折射現象，但像冰
洲石那麼明顯的雙折射還是很罕見。
惠更斯也研究這種石頭，接著他遇到
一個立體幾何問題。（你看，又繞回

| 冰洲石的雙折射現象。 |

數學）經過一番測量和思考，惠更斯透過引入橢圓光球，終於能夠用具體
數值解釋其中的雙折射現象。這真是一塊石頭引發的科學奇案。就這樣，
惠更斯對光產生濃厚的興趣，他的探索也愈來愈深入。

　　1678年，他49歲的時候，正式發表一篇對於光的見解的文章，直到
他61歲時，才以法文形式出版《光論》（ _Traité de la Lumière_ ）。這本書第一
次完整地提出光的波動理論。具體說，惠更斯認為，光根本不是微粒的聚
合，而是一種波。什麼是波呢？你把一塊石頭扔進水中，水面會產生漣
漪，那就是水波 —— 水分子上下振動產生的視覺效果。拿起長繩子的一
端，用手抖動一下，也會產生一個繩波，這是繩子傳遞振動的視覺效應。
波有一種很神奇的效應，如果兩個波面對面相遇，它們會毫無阻礙地對穿
而過，就好像對方不存在一樣。你可以和朋友抓住繩子的兩端，各自抖一
個繩波出來，觀察它們相遇的情況。如果光也是一種波，就能解釋前文所
說的，為什麼牆上的花紋圖像沒有變化。

　　牛頓和惠更斯的理論針鋒相對。按照牛頓的說法，光是由一個個會
向前運動的微粒組成，而波只是一種視覺假像。不論是水波、聲波還是繩
波，介質本身並沒有向前運動，它們只是週期性振動而已。那麼問題來
了：如果光是一種波，產生光波的振動介質是什麼？遙遠的星光照射到地

両個小朋友抓住繩子的兩端，各自抖一個繩波，觀察它們的相遇情況。

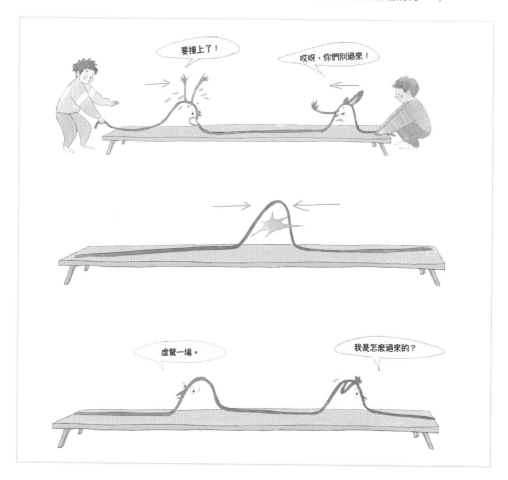

球上，它們穿過的可是空無一物的太空啊！

那時候的科學家認為，太空並不是真空，而是由一種被稱為「乙太」的看不見、摸不著的物質所填滿，光就是乙太振動的視覺效果。但問題是，無論物理學家怎麼努力，也檢測不到乙太。波動說同樣困難重重。

微粒派和波動派在很長一段時間中爭論不休，史稱「微波」戰爭。

爭論焦點：折射

> 牛頓的名望實在太響，
> 所以大家認為他的光學理論也一定對。

　　這兩個理論爭論的焦點之一，就是對光的折射現象的解釋。一束光線從空氣射進水中會發生偏折。如果把一根筷子插進水中，我們會看到筷子好像被折斷了一樣，這是折射現象。該如何解釋這個現象呢？牛頓認為，微粒在射進水中以後，被某種作用力側向拉拽一下，因而導致路徑發生偏轉。因為受到力，光在水中傳播的速度比在空氣中更快。惠更斯的波動學說則認為，這是因為光波進入水中，傳播速度變慢，所以才發生偏轉。這個結論與牛頓的結論剛好相反。

　　水中的光速到底變快，還是變慢？這成為判斷誰對誰錯的試金石。只可惜，在牛頓的時代，沒有人能測出精確的光速，這事只能作罷。

　　不過，因為牛頓的名聲實在太響亮，而且他的其他理論都十分成功，所以當時大家都認為牛頓的光學理論也一定對，微粒學派占了上風。

雙狹縫干涉實驗

楊氏的雙狹縫干涉實驗，
用波動學說解釋，剛好吻合實驗結果。

誰知道在1801年，有一個人趴在小黑屋裡，把牛頓拉下馬，這個人是湯瑪斯・楊（Thomas Young）。他本來學醫，你可以稱他楊氏。

楊氏是英國人，家裡經商，自幼被稱為神童，動手能力和思考能力都很出眾，9歲掌握車工工藝，14歲掌握當時最難的數學技巧，也就是今天微積分的前身。他所在的年代，光的微粒說是主流學說，因為這是大師牛頓支持的學說。牛頓去世70多年後的1800年，楊氏公開向牛頓挑戰，儘管他仰慕牛頓，但並不認為牛頓

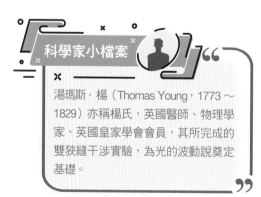

科學家小檔案

湯瑪斯・楊（Thomas Young，1773～1829）亦稱楊氏，英國醫師、物理學家、英國皇家學會會員，其所完成的雙狹縫干涉實驗，為光的波動說奠定基礎。

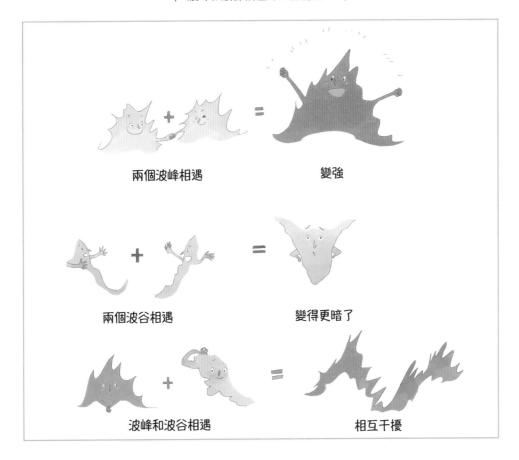

| 波峰和波谷相遇的三種情況。 |

兩個波峰相遇　　　　　　變強

兩個波谷相遇　　　　　變得更暗了

波峰和波谷相遇　　　　　相互干擾

永遠是對的，而且牛頓的權威有時甚至可能會阻礙科學進步。1802年和1803年，他接連提交兩篇論文，更加明確地指出，光就是一種波，而不是粒子。

　　其實楊氏的思考並不複雜，偉大的理論往往從淺顯易懂的思考開始。楊氏認為，如果光像水波或聲波一樣傳播，當兩個波峰相遇的時候會互相增強（建設性干涉），就會更亮；波谷遇上波谷也是如此；如果是波峰和

波谷相遇，兩個波會互相干擾、抵消（破壞性干涉），光線就會消失。不過光想可不行，得動手拿出證據。

於是他開始實驗，這就是物理學史上著名的「雙狹縫干涉實驗」。

這個實驗簡單說，就是在一塊木板上開兩條平行的狹縫，距離很近，然後用一個單色點光源照射。光穿過兩道狹縫以後，會在後面的螢幕上顯示出明暗相間的條紋。這種條紋根本無法用微粒學說解釋，但是用波動學說解釋的話，卻可以與實驗吻合，所以楊氏認為牛頓錯了。

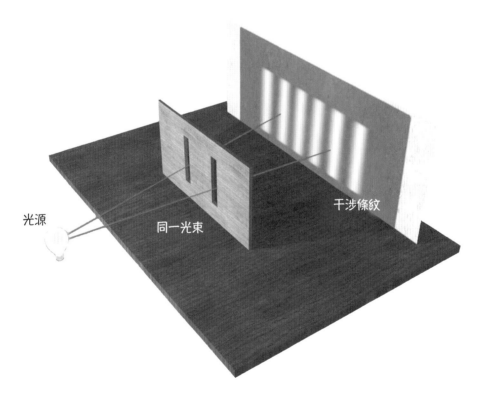

| 楊氏的雙狹縫干涉實驗。 |

帕松光斑

> 用一個點光源照射圓盤，
> 圓盤的陰影中心會出現一個光斑。

　　轉眼間到了1818年，由於楊氏成功完成雙狹縫干涉實驗，波動說占據上風，但是仍然有一批科學家堅信微粒說，比如法國數學家也是物理學家帕松（Siméon Denis Poisson）。那一年，法國科學院決定舉辦一場競賽，鼓勵年輕的科學家積極參與，加緊研究光的本質。當時已經頗有威望的帕松，受邀擔任評審委員。

　　物理學家菲涅耳（Augustin-Jean Fresnel）寫了一篇論文參賽。在這篇論文中，菲涅耳假設光是一種波，然後用數學精確地描述一束光通過一個小孔或者圓盤後會發生什麼情況。

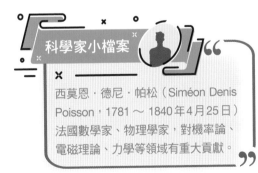

科學家小檔案

西莫恩・德尼・帕松（Siméon Denis Poisson，1781 ～ 1840 年 4 月 25 日）法國數學家、物理學家，對機率論、電磁理論、力學等領域有重大貢獻。

| 令人驚訝的帕松光斑。 |

帕松仔細閱讀這篇論文，還拿起筆來按照論文中的方法左算右算。最後，帕松笑著向大家宣布，如果菲涅耳的論文正確，那麼，用他的波動理論可以推導出一個必然結論 —— 假如用一個點光源照射一個圓盤，在圓盤的陰影中心會出現一個光斑。你們覺得這是不是很荒謬呢？有誰見過在陰影的中心會出現一個光斑呢？

然而，評審委員會主席阿拉戈決定實驗以驗證。沒想到結果讓帕松大吃一驚，因為透過圓盤實驗發現，只要距離恰當，就會在陰影中心出現一個光斑。人們把這個光斑取名為「帕松光斑」。

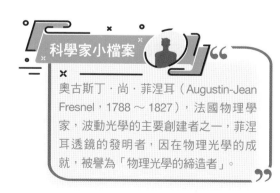

科學家小檔案

奧古斯丁‧尚‧菲涅耳（Augustin-Jean Fresnel，1788～1827），法國物理學家，波動光學的主要創建者之一，菲涅耳透鏡的發明者，因在物理光學的成就，被譽為「物理光學的締造者」。

波動派完勝

> 電磁波的速度與特性都與光非常相近，
> 人們終於體悟光是一種電磁波。

　　沒過多久，波動派又迎來一個重大的好消息：光在水中傳播的速度被測量出來了，確實如波動派預言，它比在空氣中的傳播速度慢一些。至此，光的波動學說已經打得微粒學說毫無招架之力。

　　但波動派真正認為己方取得最終勝利，還要等到19世紀末科學家發現電磁波。兩支手機之間不需要電線也能通話，就是因為電磁波的存在。電磁波是電場和磁場交替感應、週期變化而形成。當時的科學家認為，電磁波是一種標準的波。令人驚奇的是，科學家在實驗室中測出，電磁波的速度與光速極為接近。並且，一系列的實驗顯示，電磁波的各種特性都與光非常相似。人們終於體悟光就是一種電磁波。

　　此時，似乎光的祕密已經天下大白，「微波」戰爭以波動派的澈底勝利而結束。但是，有一朵烏雲卻始終懸在波動派的頭上，那就是乙太問

題。這是波動派理論的根基，當時的科學家堅信，波是物質此起彼伏的振動所產生，如果要產生波，必須有振動的介質。問題是，乙太卻始終都測量不出來。

嘻嘻，沒那麼容易找到我！

| 光披著電磁波的外衣。 |

證據為王

科學觀點的確立，
靠的是證據而不是權威。

回顧本章故事，你會發現：

評判一個科學觀點的正確與否，並不是看提出這個觀點
的科學家的名氣有多大，科學研究始終以證據為王。

牛頓的名氣最大，在正反雙方的實驗證據都差不多的情況下，牛頓的
聲望可以讓他的觀點得到更多支持。但是，你很快就看到，水中的光速被
測定出來，結果符合惠更斯的預言，不符合牛頓的預言。這時候，科學家
會支持惠更斯，因為科學觀點的確立，靠的是證據而不是權威。

對於波動派來說，找不到乙太存在的證據已經夠悶了，可是，他們

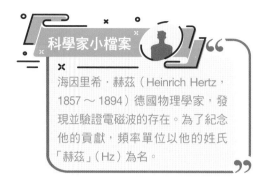

萬萬沒有想到，還有更悶的事。有如電影中的劇情大反轉，波動派的慶功宴還沒有來得及結束，有一個人就搞亂了宴席。更加諷刺的是，這個人就是發現電磁波且讓波動派一度歡欣鼓舞的赫茲（Heinrich Hertz）。赫茲做了一個實驗，瞬間讓波動學說陷入深淵，而微粒學說則憑藉這個實驗起死回生，來了一場完美的逆襲。讓「微波」戰爭硝煙再起、差點摧毀整個波動學說的實驗到底是怎麼回事呢？下一章揭曉答案。

科學動動腦

請你想一想，在你的生活中，有沒有什麼觀點是大人總在說，但似乎沒有證據的呢？比如吃飯的時候喝水對胃不好，冬天喝冷水會拉肚子等。

第 2 章

光電效應和
黑體輻射

光電效應

金屬板被光照射的時候，電子自金屬板跑出來，
這就是光電效應實驗。

上一章說到，就在光的波動派慶祝勝利時，德國物理學家赫茲做了一個實驗，實驗結果對波動派的主張是一個重大的打擊。這就是大名鼎鼎的光電效應（photoelectric effect）實驗。

理解光電效應之前，先來了解什麼是電。科學家發現，物質是由原子微粒所構成。原子有很多種，比如鐵就是由鐵原子構成，金就是由金原子構成。原子又是由原子核與電子構成。鐵原子和金原子的區別在於電子數量不同，金原子的電子數量比鐵原子更多。一般情況下，電子圍繞著原子核運動，但有些時候，電子會離開原子核自由運動。很多的電子集體朝某個方向運動時，就會產生電流。當我們說這根電線通電了，真實的含義是這根電線中的電子正在集體朝著某個方向運動。

但是，電子實在太小了，即便到了今天，我們依然無法透過顯微鏡看

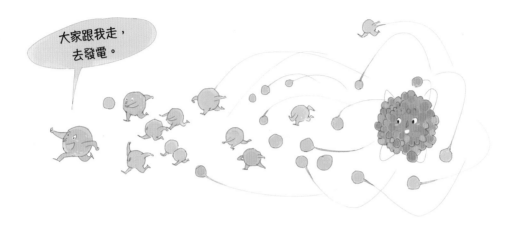

很多電子一起朝某個方向運動，就會產生電流。

大家跟我走，去發電。

到電子到底長什麼樣子。我們只能透過觀察電子留下的各種痕跡得知它的存在。例如，如果電子打到螢幕上，就會出現一個亮點。

赫茲最著名的實驗是驗證電磁波的存在：他用一個圓環當作接收器，圓環有個缺口，假如接收到電磁波，缺口上會冒出電火花。為了看清楚這個微小的電火花，赫茲不得不用黑布遮擋外界的光線。他發現，一旦把光線擋住，火花就沒了，而有光照到圓環缺口上，就能感應出電火花。他非常鬱悶，這跟光照有什麼關係啊？到底是怎麼回事呢？

後來，他把黑布換成玻璃，儘管玻璃是透明的，但還是不行，直到換成石英玻璃，電火花才重新出現。玻璃和石英玻璃的差別是什麼呢？紫外線可以通過石英玻璃，但不能通過普通玻璃，難道關鍵是紫外線嗎？

赫茲並不知道這是怎麼一回事，但是他把實驗現象寫進論文裡發表。全世界的物理學家對這個現象感興趣，光為什麼能控制電火花呢？光與電之間有什麼內在的交互作用呢？

許多科學家研究此現象，他們發現，金屬板被光照射的時候，電子

自金屬板跑出來，這就是光電效應實驗。但奇怪的是，並不是什麼光都行。比如，紫色光能照出電子，藍色光就不行。光的顏色由光波的頻率決定，振動得愈快，表示頻率愈高。進一步實驗發現，對於某種特定的金屬來說，只有光的頻率超過此現象某個數值，才能照出電子來；如果頻率沒有超過某個數值，哪怕照射的時間再長，也不能照出電子來。最有意思的是，只要光的顏色，也就是頻率對了，光一照到金屬板上，電子立即跑出去，完全沒有時間差。

| 赫茲在驗證電磁波的實驗，搞不懂電火花和光有什麼關係。 |

波動學說的危機

光電效應動搖波動派的根基，
直到1905年，愛因斯坦才解決這個難題。

這個現象讓波動派的物理學家極為震驚，他們覺得波動學說的理論根基動搖了。因為波的能量傳遞是連續不斷。如果光是一種波，也就意謂光的能量是連續不斷地被金屬所吸收，那麼電子吸夠能量後，應該會跑出來，光的頻率應該只決定照射的時間長短才對！這就好像電子是水杯中的塑膠小球，光照射金屬板的過程就像把水倒進水杯中的過程，

要掉出去了！

光照射金屬板的過程，就像把水倒進杯子中，水滿了，杯中浮著的小球就掉出來。

水滿了，浮著的小球自然就出來。不同頻率的光，只不過是水流大小不同而已，要倒滿水杯，只是時間問題。

但現在物理學家發現：光電效應就好比有個搬運工，你要他把貨物搬到二樓，他開價100元，但是，他有個怪脾氣，只收100元的鈔票。你給他十張10元鈔票，他不答應；你給他兩張50元的鈔票，他也不要；只要拿到一張100元的鈔票，他立刻搬東西上樓，一刻都不延遲。

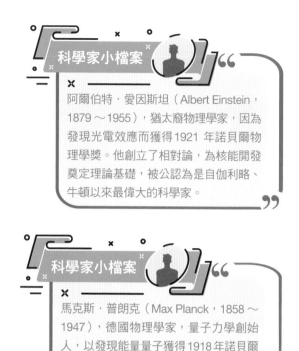

科學家小檔案

阿爾伯特·愛因斯坦（Albert Einstein，1879～1955），猶太裔物理學家，因為發現光電效應而獲得1921年諾貝爾物理學獎。他創立了相對論，為核能開發奠定理論基礎，被公認為是自伽利略、牛頓以來最偉大的科學家。

科學家小檔案

馬克斯·普朗克（Max Planck，1858～1947），德國物理學家，量子力學創始人，以發現能量量子獲得1918年諾貝爾物理學獎，開啟近代物理學發展。

這個實驗成為很多物理學家的夢魘，他們怎麼也想不通為什麼會這樣。直到1905年，一位大師才解決這個難題，儘管那一年他只有26歲，他就是無人不知、無人不曉的愛因斯坦（Albert Einstein）。

愛因斯坦到底如何解決這個難題呢？其實，這並不是愛因斯坦靈光乍現，而是他受到另外一位著名物理學家的啟發，這位物理學家就是量子力學的奠基人 —— 德國的普朗克（Max Planck）。想要理解愛因斯坦的解決方案，必須先知道普朗克的故事。

10
Section

鋼水的溫度

黑體輻射公式，
是溫度與光的頻率之間的數學關係。

　　19世紀中後期，西方國家進入工業時代，主要工業國都在大煉鋼鐵。在鋼鐵的生產、加工、處理過程中，鋼水的溫度對產品的品質非常重要，但普通的溫度計碰到鋼水，不用說會爆表，根本就直接熔化了。你知道當時的人如何測量鋼水溫度嗎？答案可能令你吃驚 —— 他們就只能用眼睛看。鋼鐵在加熱的過程中，先是微微發紅，然後變得通紅，再變成黃色。假如溫度更高，就會變成青白色，這就是我們常常說的「白熱化」。有經驗的煉鋼工人透過觀察鋼水的顏色，就能估算出溫度，但這種方法的精確性很難得到保證。

　　有一個非常精確的數學公式，透過測量鋼水的顏色，就能精確計算出鋼水的溫度，這個公式被科學界稱為「黑體輻射公式」（black body radiation）。為什麼要叫「黑體輻射公式」，不叫「鋼水發光公式」呢？因

為科學家發現，不僅僅是鋼，任何物質被加熱，都會發光，而且光的顏色會呈現與溫度相關的規律性變化。看來，這是一個非常普遍的規律。所以科學家需要用一個抽象的物理概念 —— 黑體，假想一種理想化的純黑物質，然後再假想它從純黑的狀態慢慢加熱發光。光是一種輻射能量的現象，所以，這個公式就被叫作「黑體輻射公式」，描述物體的溫度與發光顏色之間的普遍規律。

　　光的顏色由什麼決定呢？根據波動學說，光的顏色由光的頻率決定，所以黑體輻射公式也就是溫度與光的頻率之間的數學關係式。

11
Section

黑體輻射公式

普朗克的公式有個怪異的假設，
即高溫物體發射出某種頻率的光並不是連續。

　　這個問題被提出來後，沒過多久，科學家就找到兩個數學公式。你可能感到奇怪，為什麼是兩個數學公式呢？難道不是有一個就足夠了嗎？這事說起來還有點複雜。理論上應該只需要一個數學公式，問題是科學家發現，他們無論如何也無法用一個數學公式來描述光的頻率與黑體溫度的關係。他們找到第一個公式的時候，發現用這個公式來計算，光的頻率愈高，就愈符合實驗結果。但隨著頻率降低，實驗結果卻愈來愈偏離計算值。於是，有些科學家又找到第二個公式。這個公式和第一個公式的特點剛好相反：頻率愈低，計算值與實驗值愈符合。但隨著頻率升高，計算結果會偏離得愈來愈大，以至於趨向於無窮大。科學界把這種明顯不正確的結果戲稱為「紫外災變」。科學界面臨的情況就好比做了兩套衣服，一套衣服的褲子很合身，但是上衣卻寬大無比；還有一套衣服，上衣很合身，

褲子卻小得不得了，根本沒辦法穿。所以在實際工作中，他們只好把這兩套衣服各扔掉一半，湊合著穿。

　　德國科學家普朗克，對這套各取一半的衣服相當不滿，他發誓要重做一套衣服，也就是用一個統一的數學公式描述黑體輻射。普朗克是一個非常厲害的數學家，他仔細研究原本的兩個公式，融合高超的數學推導，整合得到一個數學公式。這個數學公式剛好能彌補前面兩個的不足，使得光

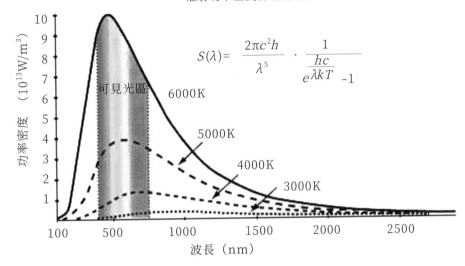

輻射功率密度普朗克定律

$$S(\lambda) = \frac{2\pi c^2 h}{\lambda^5} \cdot \frac{1}{e^{\frac{hc}{\lambda kT}} - 1}$$

的頻率不論怎麼變化，計算結果都符合實驗結果，這個公式就被稱為「黑體輻射公式」。

按理說，普朗克應該為成功感到高興才對，可是，他卻一點也不愉悅，因為這個公式中有一個連他都覺得怪異的假設：能量有一個最小單位，而高溫物體發射出的某種頻率的光則是一份一份發射出來，並不是連續。比方說，這個假設把光發射出來的熱量比作戰場上發射炮彈，不管炮彈大小，總要一顆一顆發射，根本不可能只發射半顆炮彈，一顆炮彈就是一個不可細分的最小單位。

能量有一個最小單位，這個最小單位不可再細分。

我已經是最小的一個，
不能再拆開了。

量子化幽靈

黑體輻射公式打破古典物理學家的基本信念：
一切都是連續的。

　　普朗克為自己的成功假設陷入深深的憂慮中，因為他打破物理學中一個最基本的信念。

　　以伽利略、牛頓為首的古典物理學家都有一個最基本的信念：一切都是連續的，一切都可以被不斷細分。公尺可以拆分成公分，公分又可以拆分成公釐，只要你願意，還可以拆分成微米、奈米，沒有盡頭。也就是說，假如你從A點走到B點，中間必然會經過AB連線上的任何一點。水溫從攝氏0度上升到100度的過程中，必然會經過中間的每一個溫度，不可能跳躍上升。但是，普朗克為了推導出黑體輻射公式，不得不推翻這個觀念，他只能假定能量是不能無限細分的，而且有一個最小顆粒。這個假定對傳統觀念的衝擊實在太大了。

　　如果一個物理量是一份一份的、不連續的，那麼就被稱為「量子

｜　普朗克在量子化的岔路口徘徊不前。　｜

化」。但是，普朗克卻在量子化的岔路口徘徊不前，不確定是否沿著這個假設繼續深入。他自己都難以接受這樣的假定，更不要說別人了，所以很長一段時間內，沒有人願意接受他的理論。然而，普朗克做夢也沒有想到，黑體輻射公式成為奏響量子力學壯麗交響曲的第一聲大鼓，在這之後，物理學的半壁江山都將隨之震動。

波粒二象性

光既是一種波，也是一顆一顆的粒子，
關鍵在於如何測量。

普朗克的論點啟發愛因斯坦，愛因斯坦連結光電效應與黑體輻射公式中的量子化假設，就像黑體輻射公式假設的情況，光的發射是一份一份，不能被任意切割。愛因斯坦認為，原子對光的吸收也是一份一份，他把每一份叫作一個「光量子」，後來被簡稱為「光子」。每個光子的能量和頻率成正比，意思是說頻率愈高，能量愈大。只有單個光子

電子，你給我出來！

電子

光子

原子

| 光電效應。 |

的能量夠大，才能把電子從原子裡邊砸出來。否則的話，任憑你怎麼砸，都沒有用。

這就是愛因斯坦對於光電效應的解釋。別以為愛因斯坦只是口頭解釋，他還總結出完整的數學公式，可以用來精確計算光與電的轉換關係。為了精確測定光電效應和愛因斯坦的公式是不是相符，美國科學家密立根做了10年的實驗，經歷千辛萬苦，終於證明愛因斯坦的公式是對的。

我是由一顆顆粒子組成的波。

光既是一種波，也是一顆顆的粒子，這就是光的波粒二象性。

光電效應清楚地表明，光具有粒子的特性，一顆顆光子就像一顆顆子彈。牛頓的微粒說來了一次完美逆襲。科學家終於認識，光既是一種波，也是一顆一顆的粒子，是波還是粒子，關鍵看你如何測量，這就是光的波粒二象性。至此，持續百年的「微波」戰爭，雙方終於握手言和。科學就是這麼奇妙，兩個原本看似並不相容的理論，實際上，並不矛盾。

好奇不會害死貓

波粒二象性開啟量子力學的大門，
沒想到從門後跑出的竟是一個幽靈。

回顧本章內容，我想告訴你的是 —— 好奇不會害死貓。

做科學研究絕對不能一個人埋頭苦思，一定要有廣闊的視角。

　　愛因斯坦如果不了解普朗克的工作，就不可能解決光電效應的難題。思考的道理是相通的，我希望你不要局限於課本的知識，而須開啟好奇心，多看各種課外書籍，豐富自己的知識。

　　波粒二象性開啟量子力學的大門。然而，科學家卻沒有料到，從門後面跑出來的竟是一個幽靈。沿著量子化的假設一路往前，物理學將變得

令人無比困惑，科學家也會被這個幽靈折磨得死去活來，甚至連普朗克、愛因斯坦這樣的大科學家也無法倖免 —— 他們既是量子力學的奠基人，又竭盡全力維護傳統觀念。不過，最終迎接我們的是一片神奇無比的新大陸。下一章我將接著講述這個跌宕起伏、波瀾壯闊的科學探索故事。

科學動動腦

請你想一想，你在生活中有沒有受到別人啟發而得出的奇思妙想呢？你有沒有看過，一開始看起來互相矛盾的兩個現象，最後卻發現一點也不矛盾呢？

第 3 章

波耳的
模型

轟擊原子

> 拉塞福將 α 粒子當作子彈對金箔開火,
> 沒想到有十萬分之一的砲彈反彈回來。

上一章說到,光的波粒二象性開啟量子力學的大門。量子力學的研究對象是肉眼看不見的微觀世界,打開這個世界的關鍵是弄清楚原子的結構。第一個研究原子結構而取得突破性進展的人,就是著名的物理學家拉塞福(Ernest Rutherford)。

科學家小檔案

歐尼斯特·拉塞福(Ernest Rutherford, 1871～1937),紐西蘭物理學家,核子物理之父,因為對元素蛻變以及放射化學的研究,獲1908年諾貝爾化學獎。

1909年,拉塞福指導學生完成著名的實驗 —— α 粒子散射實驗。α 是希臘字母,不要被這種專業名詞嚇住,它只是一個名稱,你把它想成西瓜粒子、蘋果粒子都行。這個實驗在歷史上具

有非常重要的地位，為了詳細說明實驗原理，我們打個比方：打仗的時候，雙方隔著陣地對峙，因為是夜裡，什麼也看不見，該如何偵察敵情呢？很簡單，抬起機關槍朝著對面亂打一

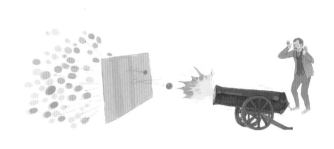

| α 粒子散射實驗示意圖。 |

通！假如對面一點反應都沒有，大概對面一個敵人都沒有，就是空蕩蕩一片；假如對面某處偶爾飛過來幾顆子彈，那裡大概有少數幾個敵人。這種招數叫作「火力偵察」。

　　拉塞福的方法與上述的比喻異曲同工。他們將 α 粒子當作砲彈，對著一張薄薄的金箔開火。結果發現，發射的 α 粒子大多有去無回，筆直地穿過去。這個現象說明金原子內部其實空蕩蕩，什麼也沒有，否則也不會砲擊半天，什麼都沒碰到。但是，真正讓拉塞福大吃一驚的是，居然還有十萬分之一的砲彈反彈回來。他後來回憶說：「這是我一輩子中遇到最不可思議的一件事情，就好像用一門大砲對著一張紙轟擊，打了十萬發砲彈出去，全都直接穿透那張紙（這很正常），但第十萬零一發砲彈打過去，這發砲彈居然沒有穿過紙，直接被反彈回來，打著了自己。」這說明什麼呢？

原子的結構

在拉塞福的原子行星模型裡，
原子就像是一個微小的太陽系。

　　這只能說明僅有十萬分之一的砲彈迎面撞到一個非常硬、非常重的東西。要是不硬，早就被子彈打碎了，碎渣到處亂飛。為什麼說這個東西非常重呢？只有被撞的東西比子彈重得多，子彈才有可能反彈回來。

　　拉塞福根據散射實驗的資料推斷：金原子其實虛胖，內部幾乎空空如也，只有一個體積非常小，但是質量既大又結實的硬核，這個硬核被稱為「原子核」。

　　原子核的發現是研究原子結構的一項突破性進展，又經過很多科學家的反覆驗證，科學界最後對原子的結構達成一致的觀點。他們認為，原子的內部絕大部分是空的，假設原子像一個足球場，原子核就如同一粒黃豆。此外，還有一種像灰塵大小的電子分布在原子核周圍。原子核與電子到底有何關係呢？這對當時的科學家來說是一個謎，因為原子核和電子實

| 電子就像行星一樣，圍繞著原子核旋轉。 |

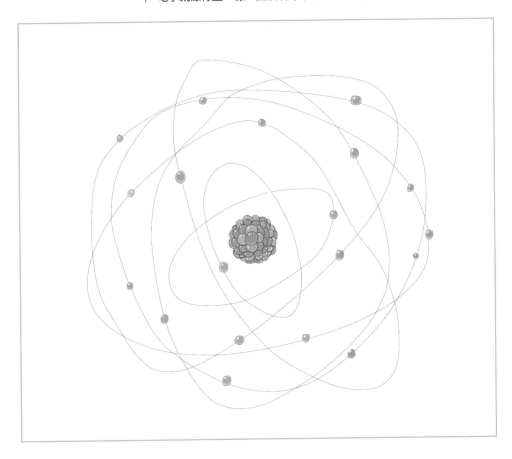

在太小了，根本看不到。

　　發現原子核的拉塞福猜測，原子就像一個微小的太陽系，原子核像太陽，而電子像行星一樣圍繞著原子核旋轉，旋轉軌道在一定範圍內任意分布。這是一個非常優美的模型，讓宏觀世界和微觀世界和諧統一。每一個原子都是一個微小的太陽系，多麼美妙啊。拉塞福對自己想出的原子行星模型感到很滿意。

波耳對導師的疑慮

波耳從普朗克的理論獲得靈感，

既然能量不連續，電子的軌道半徑也可以不連續。

可是，拉塞福卻未料到，有一位年輕帥氣的博士後小伙子對導師這個模型不以為然，只是嘴上不說而已。這位來自丹麥的小伙子就是科學史上大名鼎鼎的波耳（Niels Bohr），當時的波耳是一個27歲的年輕人，江湖上還沒有名號。

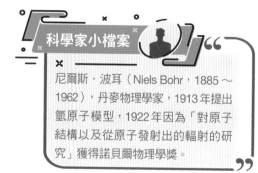

科學家小檔案

尼爾斯·波耳（Niels Bohr，1885～1962），丹麥物理學家，1913年提出氫原子模型，1922年因為「對原子結構以及從原子發射出的輻射的研究」獲得諾貝爾物理學獎。

波耳為什麼對行星模型疑慮呢？原來，如果按照當時科學界公認的古典電磁理論，電子應該墜毀在原子核。因為電學實驗表明，環形的電流一定會產生電磁波，而電磁波會帶走能量，電流就是電子的運動，所以，如果電

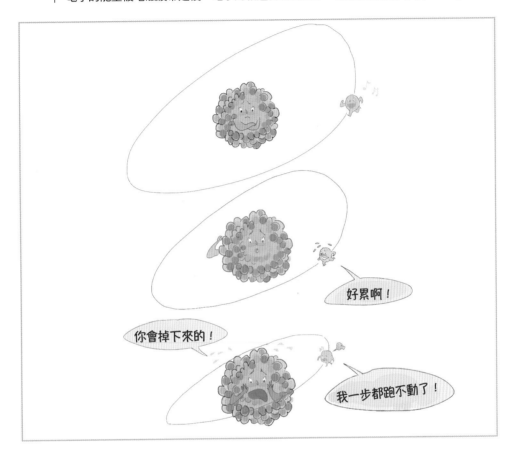

子繞著原子核轉圈圈，一定會輻射出電磁波。

　　這就像人造衛星在太空軌道運行，因為氣體分子對衛星的運動造成阻力，於是衛星會損耗能量，運行速率愈來愈慢，然後一圈轉得比一圈小，最後一定會掉進大氣層燒毀。中國的「天宮一號」太空站就是這樣墜毀在南太平洋。

　　對於原子內部，道理也類似。電子的能量因電磁波輻射，按理說，電

子的軌道會愈轉愈小，最後墜毀在原子核。然而，我們都知道，根本沒有發生這樣的事情，原子歷經千年萬代還是好端端的。所以說，要嘛是原子的行星模型錯了，要嘛就是經典電磁理論錯了。

波耳從普朗克的理論獲得靈感，冒出一個絕妙的想法。還記得嗎？上一章說過，普朗克提出能量是不連續的，有一個最小單位。波耳想，既然能量不連續，電子的軌道半徑也可以不連續，這是「量子化」。這個想法對於當時的物理學界來說，是一個非常怪異的想法。

為什麼怪異呢？這好比波耳給原子周圍的空間規定數條類似同心圓的環狀高速公路，電子就好比是一輛車，只能在環狀高速公路上行駛。電子可以從第二個環狀高速公路突然跳到第三個環狀高速公路，或者反之，但是，它不可能在環狀高速公路以外的地方運動，因為那裡根本沒有路。

電子的運行軌道是一環一環的，而且從這一環跳到另外一環不需要經過任何空間，這聽起來很有趣，但憑什麼空無一物的空間會被分割成一個個環呢？電子又怎麼可能瞬間移動呢？對於當時大多數的物理學家來說，這個想法純屬異想天開。

電子的運行軌道是不連續的。

18
Section

波耳模型的成功與煩惱

大家把波耳的學說稱為量子論，
但它並未解決和古典電磁理論的矛盾。

　　但是，波耳卻沉醉在自己的模型中，他發現可以用這個模型解釋很多自然現象。比如說，這個模型能解釋，為什麼彩虹是一道一道界線分明的顏色。波耳認為，電子只有從外圈跳進內圈的時候，才會發射出能量，即放出光子的能量。也就是說，電子從五環跳到四環就會發射出一個紅色光子，而從四環跳到三環就會發射出一個綠色光子。正因如此，電子只能在幾個能階之間跳來跳去，所以發出的光只能是固定的顏色。

　　乍看之下，波耳的模型只是一種概念性的解釋，其實不然。波耳提出基礎假設後，就能夠用數學成功地計算出很多實驗結果，例如氫元素的光譜線。光譜線也被稱為元素的條碼。每一種元素在燃燒時發出的光，如果用分光鏡仔細觀察，都能找到一條條明亮的細線，這些細線的排列和位置各不相同，它們是光譜線。那時，這個成就引起極大的轟動，大家把波耳

的這個學說叫作「量子論」。

　　但是，波耳的模型也遇到無法解釋的現象。比如，原子能階的電子一多，他的理論就不靈了。波耳的量子論，有人喜歡，有人不喜歡。喜歡的人就不停地補充，遇到一些解釋不了的現象，他們就會假設軌道並不是標準的圓，而是一個橢圓；後來橢圓也不行了，就假設是一種複雜的花瓣曲線。總之，補充愈來愈多。

可是，不管怎麼補充，波耳的模型依然面臨一個大麻煩，它沒有解決和古典電磁理論的矛盾。波耳，你不是說，電子如果繞著原子核轉圈就會輻射出電磁波，帶走能量嗎？為什麼你給電子規定軌道後，同樣是轉圈，就不會輻射出電磁波帶走能量呢？面對這樣的質疑，波耳也無法解釋。

波耳的模型補充說明愈來愈多，
卻依然沒有解決和古典電磁理論的矛盾。

薛丁格波動方程式

> 薛丁格想到，既然光子可以是波粒二象性，
> 電子也有可能具備波粒二象性。

此時，奧地利的薛丁格（Erwin Schrödinger），比波耳小兩歲的物理學家，對波耳的模型持不同的看法。他對電子軌道量子化的想法煩透了，空間怎麼可能被分割成一環一環呢？空間中的一切應該連續，這才是最自然、最優美。但科學理論可不是隨便拍拍腦袋想出一個不同的模型就夠的。如果只是畫個圖、想一個結構模型的話，我一晚上也能想出好幾個來，比如，能不能是奶油蛋糕模型呢？能不能是馬蜂窩模型呢？科學家不但要給自己的理論定

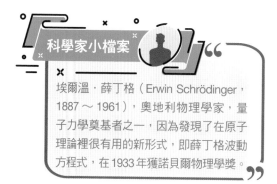

科學家小檔案

埃爾溫‧薛丁格（Erwin Schrödinger，1887～1961），奧地利物理學家，量子力學奠基者之一，因為發現了在原子理論裡很有用的新形式，即薛丁格波動方程式，在1933年獲諾貝爾物理學獎。

性，更重要的是定量。你必須把自己的模型總結成數學公式，並且能夠利用這些數學公式計算出各種已經被實驗所證實的現象。

薛丁格也為電子的模型冥思苦想，他想到光子的波粒二象性。上一章講過，光既是粒子也是波，至於是波還是粒子，關鍵在於我們用什麼方式測量。薛丁格想，既然光子可以是波粒二象性，電子有沒有可能也是波粒二象性的呢？如果把電子看成是一種波，很多現象就不需要人為地引入量子化的

| 薛丁格。 |

規定。比如說，我們觀察水中的漣漪，會發現這些漣漪自然而然地呈現一個個不連續的環形結構，每一個環其實都是一個水波的波峰。波峰和波谷會隨著時間變化而變化。

薛丁格基於這個假設提出一個方程式，被稱為「薛丁格波動方程式」（Schrodinger's wave equation）。利用這個方程式，完全不需要人為的量子化規定，自然而然可以計算出光譜線。薛丁格憑藉這個波動方程式一舉成名，一時之間，無人不知，無人不曉。至於後來那隻家喻戶曉的貓，我們先暫且不談。

波耳不買賬

當時物理學家認為電子是一個個粒子，
無論怎麼看都不像波。

然而，對於當時很多物理學家來說，很難接受「電子是一種波」這個觀念。為什麼呢？大家不是都能接受光子的波粒二象性嗎？怎麼就不能接受電子的波粒二象性呢？關鍵的問題還是實驗。物理學是一門基於實驗的學科，沒有實驗支持，一切理論就像空中樓閣，不管有多華麗，都很難讓人相信。以當時科學家的實驗條件，根本沒有辦法把光切

| 物理學是一門基於實驗的學科。 |

割成一個個光子，不論在什麼條件，都是連續不斷，這才讓物理學家相信光是由粒子聚合而成的波。科學家覺得，這種粒子的聚合雖說有粒子的特性，但實際上是不可能分離出來，它們只是在理論上具備粒子性。

　　但電子就不同了，當時的物理學家能在實驗室中非常明確地發射出一顆一顆的電子，讓它們在螢光幕上留下一個個亮點。依據此現象，電子像一顆顆小球，是非常明確的一個個粒子，不論怎麼看，都不像波。所以，對於薛丁格的波動學說，第一個不買帳的人當然是波耳。他把薛丁格請到自己的老家哥本哈根，在一群以波耳為首的年輕學者輪番轟炸之下，薛丁格招架不住。波耳自己也沒完沒了地和薛丁格討論問題，最後薛丁格竟然累出大病而回家休養。

科學不愛求同存異

> 波耳雖然在嘴上贏了薛丁格，
> 卻沒有解決自己的困擾。

回顧本章故事，你會發現 —— 科學不講求同存異。科學跟文學、藝術、哲學最大不同在於，科學排斥求同存異。

面對同樣的現象，不同的理論必須經過激烈的爭辯，最後勝出的只有一個或者合併成統一的理論。

所以，你會看到，在科學史上，科學家與科學家之間辯論、攻防是常有的事情。

波耳雖然在嘴上贏了薛丁格，卻沒有解決自己的困擾，並不能真正以理服人。

慶幸的是，一位比波耳小6歲的德國青年正茁壯成長，此時這名年輕人正如饑似渴地學習著前輩普朗克、愛因斯坦、波耳、薛丁格的理論，這青年人即將以一種更怪異的方式完成對波耳的量子論救贖，他就是知名德國科學家海森堡（Werner Heisenberg）。這是怎麼一回事呢？下一章揭曉答案。

科學動動腦

知名物理學家霍金在一生中曾經與人打過好幾次賭。我想請你上網查一查，這些打賭的內容分別是什麼，結果又是什麼。

學習筆記

第**4**章

不確定性
原理

海森堡

海森堡發明矩陣力學，
能精確地計算出原子的光譜。

1924年，波耳在丹麥的研究所迎來一位風華正茂的青年，這位23歲的德國小伙子就是後來名震天下的海森堡。

海森堡是標準的德國優秀青年。他出生於1901年，從小就非常聰明，19歲時就已經投到物理學名師索末菲（Arnold Sommerfeld）的門下學習。在索末菲去美國訪問期間，海森堡到德國哥廷根大學，又投在著名的玻恩（Max Born）老師門下。他的這兩位老師在科學史大名鼎鼎。俗話說，名師出高徒，放在海森堡身上是恰如其分。更可貴的

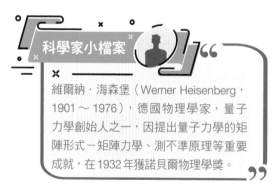

科學家小檔案

維爾納·海森堡（Werner Heisenberg，1901～1976），德國物理學家，量子力學創始人之一，因提出量子力學的矩陣形式－矩陣力學、測不準原理等重要成就，在1932年獲諾貝爾物理學獎。

是，他有深刻的物理學見解，敢挑戰權威。

海森堡意識到，波耳假定原子中的電子是繞著圓形軌道運行，而老師索末菲則假定是一個橢圓形軌道。海森堡並沒有因為波耳和索末菲的名氣而全盤接受，他思考且懷疑電子軌道的假設。他想，我們只是在實驗中觀測電子在不同的能階之間跳來跳去，但是，能階就一定等於軌道嗎？

海森堡設想一個不需要用到運行軌道的模型，他自己發明一套別人看來很奇怪的數學模型描述電子的運行規律，儘

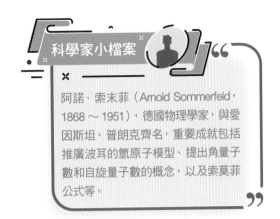

科學家小檔案

阿諾·索末菲（Arnold Sommerfeld，1868～1951），德國物理學家，與愛因斯坦、普朗克齊名，重要成就包括推廣波耳的氫原子模型、提出角量子數和自旋量子數的概念，以及索莫菲公式等。

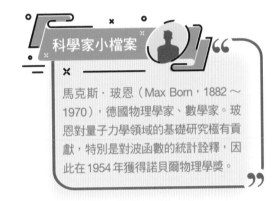

科學家小檔案

馬克斯·玻恩（Max Born，1882～1970），德國物理學家、數學家。玻恩對量子力學領域的基礎研究極有貢獻，特別是對波函數的統計詮釋，因此在1954年獲得諾貝爾物理學獎。

管這個數學方法很奇特，但卻能精確地計算出原子的光譜，而且計算結果一點都不比波耳遜色。這套很難懂的數學方法具有很酷的名字，叫作矩陣力學（matrix mechanics），這是海森堡最出名的成就之一。

23
Section

電子在哪裡？

當時所有物理學家都在討論，
微觀世界的各種奇怪現象。

　　海森堡於1924年接受波耳的邀請到丹麥參與工作。在3年多的時間中，波耳與海森堡亦師亦友，結下深厚的友誼。

　　當時薛丁格提出的波動方程式非常流行，後來波耳把薛丁格請到哥本哈根，和大家討論一番，甚至薛丁格累得大病一場，也沒討論出個所以然。當時他們爭論的焦點是：薛丁格的數學公式的物理意義到底是什麼？假如一切都是波，那什麼又是粒子呢？難道粒子反而是假想的東西嗎？

　　總之，在那個年代，幾乎所有的物理學家都在討論微觀世界中的各種奇怪現象，這些現象與我們在日常生活中所見到的現象差別實在太大了。比如說，海森堡的老師之一，知名物理學家玻恩就提出一個有趣的想法。他說，薛丁格的方程式表明，電子的位置是隨機的，我們可以測量出這一秒電子在哪裡，可是永遠無法精確預測下一秒電子會在哪裡。我們只能知

道電子出現在某處的機率，根本沒辦法精確預測。

　　海森堡也碰到類似的問題，他嘗試用矩陣力學計算電子的運行軌跡，但是失敗了，根本算不出來。回到德國後，海森堡冒出一個極深刻的觀念，這個想法可不得了，一下子就摧毀了牛頓、拉普拉斯等老前輩數百年來辛辛苦苦建立的古典信念。

測不準原理

> 海森堡的發現，
> 摧毀牛頓等科學家數百年來建立的信念。

海森堡發現一個驚人的自然真相：人類無論用什麼樣的方法，永遠也不可能消除測量的誤差。過去的科學家總認為，只要測量工具夠好，就能把目標對象測量得要多精確就有多精確。比如說，有一列火車從A點運動到B點，如果想測量這列火車的運動速度，只需要測量AB之間的距離和火車跑完全程的時間。如果想測量某個時刻火車在AB之間哪個位置，也只要拿著錶，在指定時刻拍照就可以了。雖然現在的測量工具還不夠好，總是會產生一些誤差，但不代表未來人類的測量工具也一定有誤差。只要能製造出夠精確的測距儀器和計時儀器，火車的運動速度和位置都能精確的測量。這個觀念在海森堡之前沒有人反對，大家都覺得這是天經地義的事，誰敢打包票說，未來人類製造不出足夠精確的測量工具呢？畢竟未來有無限長的時間，而且充滿無限可能。

但是，海森堡卻無情地告訴人們，如果那列火車是一個電子的話，那麼，我們永遠也不可能同時測量出電子的運動速度和準確位置。因為不論使用多麼精確的測量工具，一定會顧得了這頭卻顧不了那頭。測了速度就別想測位置，反過來，測了位置就別想再測速度。這是什麼道理呢？

因為我們的測量行為本身一定會干擾電子的運動。換句話說，在微觀世界中，想要測量一個電子，但又不想打擾它，是不可能的事。為什麼呢？原因在於，任何測量行為，從本質上來說，都是觀察從物體上反射回來的光。比如我們用眼睛看任何物體，實際上看到的是物體反射回來的光而已。所有被測量的物體一定要照到光才行。當然，這裡所說的光不僅僅包括可見光，也包括像X射線這樣的不可見光。

海森堡觀點的深刻性在於，既然光是由一顆顆光子所組成，這些光子像一顆顆子彈，用它們去照射電子，就好像用子彈去打擊另一顆子彈，在被光子擊中的一刹那，電子的運動狀態必然改變。如果想要測量一個電子的速度，必然要測量電子在運動路線上的兩個點的位置。現在好了，只要你測量任何一個點的位置，電子的運動狀態就遭到破壞，電子到達另一個點的時間也與原先不同。因此，想要同時測量電子的位置和速度，從理論上來說就沒有可能性。

海森堡稱這個原理為「測不準原理」（uncertainty principle，又譯為不確定性原理），並在1927年發表一篇論文，講述這個思想。論文一出，引起學術界很大的反響，因為自從牛頓創立牛頓力學以來，科學家都有一種信念 —— 只要我們擁有夠好的測量和計算工具，一切物質運動的過去和未來都可以精確計算。但是，海森堡的發現卻摧毀這個信念 —— 連測都測不準，就更不用談什麼計算了。

在被光子擊中的瞬間，電子的運動狀態改變了。

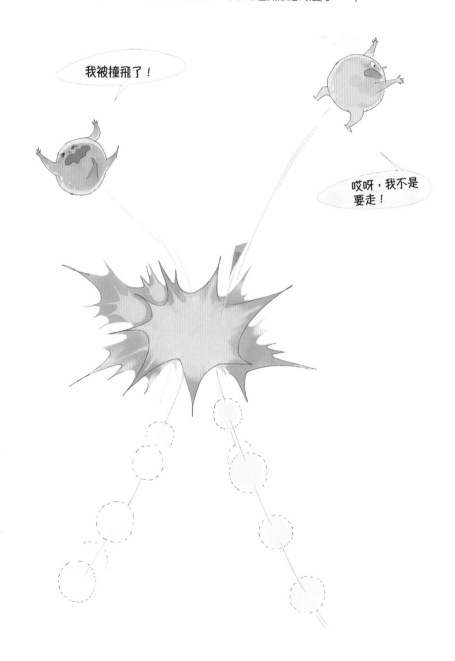

波耳的奇思妙想

> 當你測量電子時，它就表現為粒子，
> 當你不測量它時，它就是波。

　　遠在丹麥的波耳看到海森堡的論文，他細細琢磨，不得了，突然想通一個困擾他多年的問題。他一拍大腿，驚叫道：「海森堡老弟，你錯了！不是錯在你挑戰古典觀念，而是錯在你膽子還不夠大啊！」原來，波耳受到海森堡思想的啟發，提出一個大膽十倍的想法，這個想法一出，才真正離經叛道，甚至激怒科學巨星愛因斯坦。

　　波耳提出的新想法是：電子的速度和位置無法同時測量，這點沒有錯，但不是因為測量行為干擾電子的運動，而是因為電子根本就不存在準確的速度和位置。薛丁格是對的，但只對了一半，電子也像光子一樣，既是粒子又是波。當你測量電子的時候，它就表現為一個粒子；當你不測量它時，它就是波。波耳終於想通了，為什麼電子在軌道上繞著原子核轉卻不發出電磁波，原因很簡單，電子根本就不是繞著軌道轉，而是以波的形

式瀰漫在整個軌道上。

要如何理解波耳的觀點呢？打個比方，假如把電子的軌道比喻為環城高速公路，那麼電子不是一輛在高速公路上行駛的汽車，而是無所不在，但又無跡可尋。我用一個你熟悉的比喻，你可以把電子想像成打地鼠遊戲中那個不斷冒出頭的地鼠，它在這條高速公路上的任何一個地點都有可能突

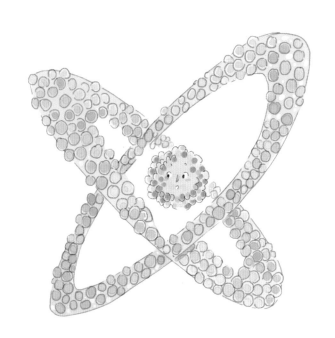

電子不是繞著原子的軌道轉，而是以波的形式瀰漫在整個軌道上。

然冒出頭。每次我們測量電子，就像是用錘子打冒出頭的地鼠。我們可以在A點和B點都打到地鼠，但是，地鼠卻不是從A點運動到B點，而是從A點消失，直接在B點出現。

但這個比喻依然不夠準確，因為在這個比喻中，當我們不測量電子的時候，仍然把它想像成一顆微小的粒子。實際上，波耳是說，在我們不測量電子的時候，電子沒有實體的形狀，它是一種波，就像塗在麵包上的奶油。它瀰漫在整條路上，有些地方厚一些，有些地方薄一些；厚的地方被測量到的機率大一些，薄的地方被測量到的機率小一些。但是，奶油的厚薄並不是固定不變，而是隨著時間的演進呈現週期性的變化，波的本質不就是一種週期性的變化嗎？

測量電子，就像打地鼠。

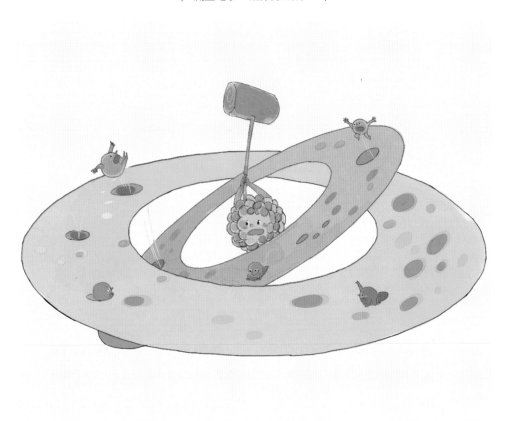

量子力學第一原理

> 只要我們不去測量電子，它就永遠處在不確定中，
> 沒有確定的位置，也沒有確定的速度。

　　如果繼續用打地鼠的遊戲比喻，真實情況是：我們每次的測量行為，並不是錘子剛好打到冒頭的地鼠，而是當錘子打下去時，有時候什麼也打不到，有時候會瞬間讓瀰漫在整條路上的電子波收縮為一個點，看上去就好像打到地鼠，實際上，地鼠本身是因為錘子而形成。在這裡，原因和結果糾纏在一起，說不清楚到底是電子被錘子打到了，還是錘子讓電子波聚攏成一個點。決定錘子是否能打到地鼠的是命中機率，誰也無法確保一錘下去必定能打到地鼠。10%的命中機率就是打100次，會打中10次，但你永遠也無法預測到底哪一次能打中。

　　波耳的核心思想是，只要不去測量電子，它的狀態就永遠處在不確定中，沒有確定的位置，也沒有確定的速度。任何測量行為，只能讓我們知其一，不可能兩個都知道。這就是量子力學的第一原理 —— 不確定性原理。後面你看到令人難以置信的現象，都有它的身影。

27
Section

測量是科學研究的基礎

> **任何物理理論都需要實驗或觀測的證據，**
> **沒有證據，一切都是空談。**

回顧本章內容，我想告訴你 —— 科學研究離不開測量。

> 沒有測量就沒有科學，任何不能被測量的對象，都不是
> 科學研究的對象。

海森堡和波耳都是在努力思考怎麼測量電子的位置和速度時，才發現偉大的科學現象。

不過，波耳這個奇思妙想，卻激怒一位物理學界的大師前輩，是誰呢？就是愛因斯坦。在愛因斯坦的觀念中，一切都是確定的。只要知道一個粒子的位置、速度和方向，就能夠計算出下一刻這個粒子將出現在何

| 波耳與愛因斯坦針鋒相對。 |

處。現在海森堡和波耳居然說，兩者不可兼得，測了一個，另一個必定測不準。那麼對這個粒子的未來狀態，我們根本沒辦法判定。按照波耳的說法，電子根本不是繞著原子核轉圈圈，我們甚至不可能知道電子走了什麼路徑，只能知道電子在某處出現的機率。甚至當我們不測量的時候，電子就是無所不在的波，只有在測量的那一刻，它才表現得像是粒子。

說實話，愛因斯坦第一次聽到這些說法時，並不接受這樣的觀點。在

他看來，這豈止離經叛道，簡直大逆不道！什麼叫不確定？什麼叫只有機率？這些都澈底違背當時大多數科學家對自然規律的基本信念。所以，愛因斯坦聽到波耳的觀點時，怒斥道：「波耳老弟，上帝①不是扔骰子的賭徒！」波耳則反唇相譏：「愛因斯坦先生，你別指揮上帝做什麼好嗎？」

但是，我們都知道，任何物理理論都需要實驗或者觀測的證據。沒有證據，一切都是空談。波耳的不確定性原理，到底有沒有實驗依據呢？還真有一個古老的實驗，或許能證明波耳是對的，這個實驗在第一章就講過，它在波耳提出不確定性原理的100多年前就做過，只是做這個實驗的人萬萬沒有想到，它會在100多年後的物理學界掀起軒然大波，攪得整個科學界都不得安寧，甚至吵到21世紀都沒有停歇。這究竟是哪個實驗呢？下一章揭曉答案。

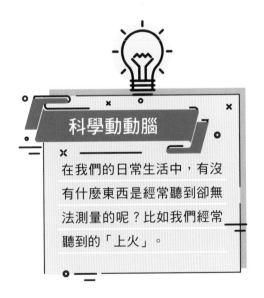

科學動動腦

在我們的日常生活中，有沒有什麼東西是經常聽到卻無法測量的呢？比如我們經常聽到的「上火」。

---

① 愛因斯坦用「上帝」來指代「自然規律本身」。

學習筆記

第 5 章

要命的
雙狹縫

28
Section

既是粒子又是波

在很多物理學家的眼裡，
波就是波，粒子就是粒子，兩者截然不同。

　　透過前面幾章，我們已經知道「微波」戰爭的結果：光具有波粒二象性。也就是說，光既是粒子也是波。但還是有一些物理學家覺得「光既是粒子又是波」這個說法十分荒謬，他們的感覺跟你聽到「小黃既是貓又是狗」、「這個東西既是金子又是石頭」、「這隻貓既是活的又是死的」時，感到一樣的荒謬。

　　在很多物理學家眼裡，波就是波，粒子就是粒子，兩者截然不同。比如說水波，水分子的上下振動形成水面上的波紋，我們在水面上看到的漣漪只不過是一種視覺現象，好像有東西往前傳遞，其實並沒有什麼真實的物體在傳遞，水波傳遞的僅是無形的能量而已；再比如說聲波，也只不過是空氣分子振動形成，除了原地振動的空氣分子和傳遞的能量外，再也沒有別的東西。水波和聲波都不可能是一個個小球在水中或空中飛來飛去。

　　問題是，光電效應的實驗又讓物理學家不得不接受光有粒子的特性。所以，有一些物理學家對這件事情左思右想，總覺得哪裡不對勁，但似乎又很難明確說出到底哪裡荒謬。就在這時，突然有人想到多年前的一個實驗，問了一個問題：「請問，在雙狹縫干涉（double-slit interference）實驗中，單個光子到底是通過左縫還是右縫呢？」

繞射與干涉

光波通過雙狹縫之後，相當於從一個波源變成兩個波源，
兩個波源發出來的波會發生干涉現象。

還記得雙狹縫干涉實驗嗎？1801年，楊氏做一個著名的雙狹縫干涉實驗，證明光具有波的干涉現象。萬萬沒有想到，這個實驗在100多年後，卻在物理學界掀起軒然大波，引發激烈辯論，至今未歇。知名物理學家費曼（Richard P. Feynman）認為，雙狹縫干涉實驗中包含量子力學的所有祕密。這到底是怎麼回事呢？

首先，讓我們了解波的「繞射」和「干涉」現象。你是否觀察過，當

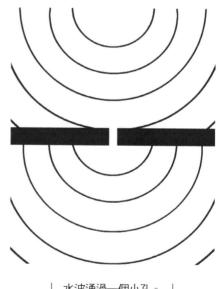

| 水波通過一個小孔。 |

水波通過一個小孔時，發生什麼現象？如果你從來沒有觀察過的話，下次有機會可以仔細觀察。你會發現，很有意思的是，水波在通過小孔後，又會形成新的水波，就好像那個小孔變成一個新的波源一樣。

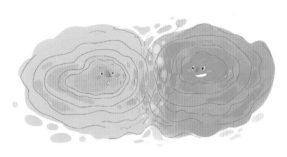

| 干涉現象。 |

這種現象就是波的「繞射」現象，所有的波都有這種現象。波還有另外一種現象，叫作「干涉」，這是兩個波相遇時會發生的現象。

你觀察任何一列波，比如用繩子抖一個繩波出去，觀察繩子上的某一個點在隆起和下降。我們把這個點上升到最高處的時候稱作「波峰」；下降到最低處的時候稱作「波谷」。任何一列波，波峰和波谷總是週期性的變化。我們在水面上看到的那些波紋，實際上就是波峰的移動。

現在，請你想像一下，你和另外一個小朋友各自抓著繩子的一端，然後同時抖一下，分別抖出一個繩波。那麼，這兩個波會在繩子的中間相遇。此時，你會看到，波峰與波峰相遇的那個瞬間，波峰會變得更高；波峰與波谷相遇的瞬間，振動會互相抵消。我們稱這種現象為波的「干涉」現象。

現在，回到楊氏做的雙狹縫干涉實驗。這個實驗簡單說就是：在一塊木板上開兩條平行的狹縫，距離很近，然後用一個單色點光源照射。光穿過兩道狹縫以後，後面的螢幕上出現許多明暗相間的條紋。它的原理是，光波通過雙狹縫後，相當於從一個波源變成兩個波源，於是兩個波源發出來的波會發生干涉現象。波峰相遇就變得更明亮，波峰與波谷相遇就會變暗，從而在後面的螢幕上形成明暗相間的條紋。

中圖：繩子的兩個波峰相遇。
下圖：繩子的波峰與波谷相遇。

如果光子是小球

> 通過雙狹縫的光子，排成整齊的隊形，
> 所以後面螢幕上會出現許多明暗相間的條紋。

當我們把光看成波，雙狹縫干涉實驗一點也不奇怪，這是所有的波都會出現的一種自我干涉現象。但是，如果把光看成由一顆顆的粒子所組成時，問題就來了：在雙狹縫干涉實驗中，單個光子到底是通過左縫，還是右縫呢？

這個問題可不得了，一傳十，十傳百，很快就像病毒一樣傳染所有的物理學家，他們陷入苦苦的思索中。就像打開潘朵拉的盒子，從此物理學陷入迷惘、混亂、猜疑甚至神祕之中。有人憤怒，有人抓狂，有人絕望，有人欣喜，有人趁火打劫，有人面壁思過，這場混亂一直持續到今天都沒有停歇。這個普通又簡單的問題，為什麼會引發如此大的混亂呢？讓我一步步詳細解釋。

先從單狹縫實驗講起，假如只在擋板上開一條縫，讓一束光通過一條

狹縫照在後面的螢幕上，會形成一片光亮區域，離狹縫愈近的區域愈亮，離狹縫愈遠的區域愈暗。光子根據機率分布在螢幕上，離中心愈近，光子分布愈密集。這就是光的「繞射」現象，這個現象不難理解。

| 光通過一條狹縫後形成的繞射條紋。 |

現在，發揮你的想像力，把一束光看成是由無數個小球所組成，這些小球通過一條狹縫後，排列成下面這樣：

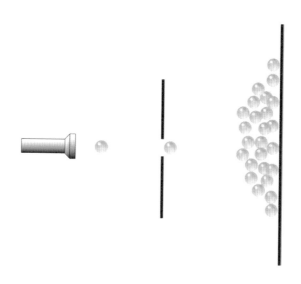

這些小球呈現的分布規律就是中間多、兩邊少，這似乎還在我們的常識範圍內，不至於覺得有什麼奇怪的。

但是，一旦在那條狹縫的邊上再開一條狹縫，情況馬上變得很神奇，我們會看到光子就像一支訓練有素的軍隊，排成整齊的隊形。

| 打開雙縫後，光子就像一支訓練有素的軍隊，隊形立刻變整齊。 |

如果還是把光子想像成一個個小球，就像下面這張圖所顯示：

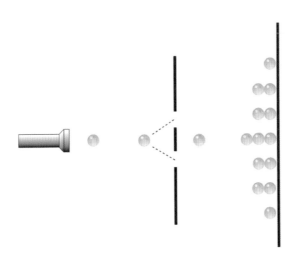

上圖小球多的區域表示落在上面的光子比較多，所以看起來會比較亮；沒有光子落到的區域，看起來就是暗的。你有沒有覺得很神奇呢？

左縫還是右縫

當時的科學家還沒有辦法測量，
光子到底通過左縫還是右縫。

　　你是不是也想問：單個光子如何知道前面是一條縫，還是兩條縫呢？相對於光子的尺寸來說，雙縫之間的距離就好像從地球遙望月球一樣遠。把問題再精簡一點就是：單個光子到底通過左縫，還是右縫呢？

　　正是這個問題，在當時的物理學界引起軒然大波，無數的物理學家被它折磨得死去活來，怎麼也想不明白。這時候，波耳站出來了。

　　以波耳為首的哥本哈根學派站出來向大家解釋：「我認為，這個問題本身不成立！光子既不是通過左縫，也不是通過右縫，而是同時通過左縫和右縫。」請注意，波耳並不是指光子會分身術，一分為二，一半通過左縫，一半通過右縫，他的意思很明確，指的就是同一個光子同時通過左縫和右縫。

　　就在你感到莫名其妙的同時，我也一樣感到無法理解。如果波耳說

他自己同時通過凱旋門和艾菲爾鐵塔，我一定會認為他腦子壞掉。不出意外，全世界大多數物理學家群起而攻之，尤其是愛因斯坦，對波耳連連搖頭嘆息，說波耳丟掉最基本的理性思想。

　　難道沒有辦法用實驗來檢測光子的運動路徑嗎？非常困難。因為光子可不是一個足球，世界上還沒有那麼強大的攝影機，能把光子的飛行軌跡錄下來，也不可能在光子身上綁一個微型跟蹤器，然後全天候跟蹤。再說得深入一點，我們為什麼能「觀測」一樣東西，照相機、攝影機為什麼能

把物體的影像拍下來？原因在於物體發射出無數的光子或者反射出無數的光子，這些光子在我們的視網膜或者底片上成像，於是被我們「看」到或「拍」到。但如果我們要「觀測」的對象就是光子本身，麻煩可就大了：這個光子如果射到我們的眼睛裡，它自然不會跑到左縫去，也不會跑到右縫，因為跑到我們眼睛裡。有沒有可能讓光子再反射別的光子？很抱歉，也不能，它沒有能力把別的光子反射出來，而自己的運動狀態又不改變。就好像你用一顆子彈去打另一顆子彈，兩顆子彈大小一樣的話，不可能讓其中一顆子彈不動，另一顆被反彈回來。總之，要「測量」光子通過左縫還是右縫，基本上辦不到。

好想咬一口蘋果。

我們快去排隊，組成圖像。

| 我們為什麼能看到一個蘋果。 |

用電子代替光子

科學家測量到電子通過某條狹縫，怪異的是，
一但電子被測量到，雙狹縫干涉條紋就消失了。

不過，好消息是，物理學家又有了新發現：一束電子流跟光一樣，也具備波粒二象性。這下好了，記錄和測量電子比測量光子容易，因為電子不但有質量，而且帶電，也比光子大得多。我們可以在雙狹縫中各安裝一個儀器，測量電子有沒有通過這道狹縫。很多物理學家不辭辛勞地改良實驗設備，一次次地提高精確度，沒日沒夜地在實驗室揮汗如雨，只是為了證明一個電子確定無疑地通過某條縫隙，好證明波耳的解釋有多荒謬。然而，實驗結果再次讓物理學家跌破眼鏡：一旦在狹縫上裝記錄儀，確實可以測量電子通過某條狹縫，但怪異的是，一旦電子被測量到，雙狹縫干涉條紋就消失了，如果不去測量，雙狹縫條紋又會神奇地出現。這種情況實在太怪異，物理學家怎麼也想不通，電子的行為怎麼還跟測量有關？

不過，這個結果卻讓一個人開心極了。

　　是誰？當然是波耳。他看到這個結果，樂壞了。這不正好證明波耳關於電子運動的怪異想法是正確的嗎？上一章說過，波耳認為電子不像運動的小球一樣有一個確定的運動軌跡，而是像抹在麵包上的奶油，它瀰漫在整個運動路徑上。只有當我們去測量它的時候，它才會聚攏為一個點；如果不去測量，它就是一束波。這就是波耳在海森堡的測不準原理上發展出來的量子力學第一原理 —— 不確定性原理。可以說，整個量子力學的理論大廈都建立在這個原理之上。

大膽假設，小心求證

創造性思維和妄想之間，僅是一步之遙。
只會想卻不會求證，更不是科學思維。

　　回顧本章故事，你會發現，科學家總是大膽假設，小心求證。科學上有很多重大發現，都源於科學家突破常規思維，例如普朗克首先提出能量量子化假設，打破連續性的常規思維；波耳則勇敢地提出不確定性原理，打破延續數百年的決定論思想。但是，我必須提醒你，創造性思維和妄想之間也僅是一步之遙，沒有邏輯和證據的大膽想法只能淪為妄想，而只會想卻不會求證，更不是科學思維。所以，胡適才會說：「大膽地假設，小心地求證。」

　　現在，波耳大膽地提出不確定性原理的假設，並且把雙狹縫干涉實驗的結果作為證據，但是，這卻遭到當時公認的物理學泰斗愛因斯坦強烈反對。愛因斯坦雖然對實驗結果同樣感到震驚，但他認為波耳的解釋太驚悚，聽起來不像是正經八百的物理理論，一定有更合理的理論解釋這

些現象，只是我們還沒找到罷了。為了反駁波耳，愛因斯坦調動全部的腦細胞，想了好多年，終於在1935年，愛因斯坦和他的兩個學生波多爾斯基、羅森一起向以波耳為首的哥本哈根學派展現一個大絕招，史稱為「EPR悖論」（Einstein-Podolsky-Rosen paradox）。這個大絕招一出，震驚全世界，不確定性原理自誕生以來，遭遇到最大的信任危機。到底是怎麼回事呢？下一章揭曉答案。

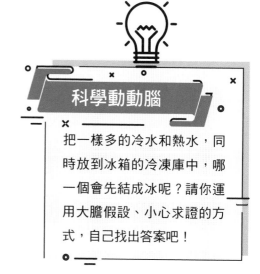

科學動動腦

把一樣多的冷水和熱水，同時放到冰箱的冷凍庫中，哪一個會先結成冰呢？請你運用大膽假設、小心求證的方式，自己找出答案吧！

第 6 章

EPR 悖論

電子的角動量和自旋態

> 電子就好像會根據我們的測量行為而改變一樣，
> 用X方法測量，得到的就是X對應的狀態。

上一章說到，愛因斯坦非常不喜歡波耳的不確定性原理，他為了反駁波耳，冥思苦想多年，終於在1935年5月和另外兩位科學家想出一個能夠駁倒波耳的思想實驗，這就是名垂千古的「EPR實驗」。如果說波耳的假說掀起軒然大波，EPR實驗在日後掀起的就是滔天巨浪。

這到底是一個什麼樣的實驗呢？很遺憾，如果我用愛因斯坦的原始論文講解的話，恐怕沒有幾個人能聽懂。好在這個實驗的原理經過多年發展，已經有一個更通俗易懂的等價版本。那麼，請集中精神，接下來要開始一趟「燒腦」之旅了。

首先，我要講解一個基本概念，就是電子的「角動量」（angular momentum）。這是一個很抽象的物理概念，要講清楚它的準確定義，需要用到比較複雜的數學知識。但是沒關係，不需要理解得很準確，只要能

建立一個大致的概念就可以。我們先從生活中常見的現象說起。

你看過花式溜冰比賽嗎？比賽中，經常看到運動員原地旋轉，而且愈轉愈快。如果你細心觀察會發現，當運動員想要轉得更快時，他們都會做一個動作，就是把手臂從伸展的狀態慢慢收攏，雙臂收攏得愈緊，轉得就愈快。這其中的科學定律叫作角動量守恆。可以這樣理解，角動量就是轉動所掃過的圓面積和轉速的乘積，這是一個固定值，如果面積變小，速度必然增大。

實驗發現，電子也有角動量。因為角動量跟旋轉有關，所以物理學家認為電子具有「自旋」（spin）的特性。但我必須強調，雖然叫作自旋，但真實的電子並不像陀螺一樣繞著一個軸旋轉。那麼它到底怎麼轉法？說

| 花式滑冰運動員收攏雙臂可以轉得更快，隱含的科學原理是角動量守恆。 |

實話，科學家也不知道，因為他們找不到辦法能夠看清真實的電子，只是透過實驗發現電子具有角動量，然後取名為「自旋」，僅此而已。

如果你在各種科普視頻節目中，看見有人把電子描繪成一個繞著自轉軸旋轉的小球，那只是為了描述方便。把電子類比成一個小球，把自旋描繪成大多數人能理解的旋轉形式，並不代表真實的電子是一個小球，更不代表電子真實的自旋是繞著自轉軸旋轉。

| 電子的自旋只有兩個自由度。 |

為什麼科學家認定電子自旋並不像一個小球的旋轉呢？這有實驗基礎。科學家發現，電子自旋具有一種獨特性。物理學家把這種獨特性稱為只有兩個自由度。

自由度這個概念比較抽象。為了讓你理解事情有多奇怪，我們還是用溜冰來比喻。假如把一個旋轉的溜冰者比喻成一個電子，那麼，不論我們朝哪個方向測量它，都只能得到兩種結果中的一種，要嘛頭對著我們轉，要嘛腳對著我們轉，不可能得到其他情況。

比如說，如果從電子的上方測量電子，會得到兩種測量結果，要嘛是A自旋態，要嘛是B自旋態。但是，如果改從側面測量電子，電子就不再是A自旋態或B自旋態，而是變成C自旋態或D自旋態。當然，這裡所說的ABCD僅僅是代號，不必深究到底是什麼樣的狀態。這就奇怪了，好像電子會根據我們的測量行為而改變一樣：我們用X方法測量，得到的就是X對應的狀態；用Y方法測量，得到的就是Y對應的狀態。

你是不是覺得很奇怪呢？還有更奇怪的事情在前面等著科學家呢！

電子飛向偏振器的
怪異結果

> 電子不確定性原理的最佳證據：
> 電子本身不存在確定的自旋態。

為了便於後面講解，現在不妨給電子的各種自旋態取一個比較容易記住的名字。因為在日常生活中，我們習慣用上下、左右、前後來描述空間的6個方向，所以我把電子的自旋態稱作上自旋、下自旋，或者左自旋、右自旋，前自旋、後自旋。因為電子的自旋態在同一種測量方式上，只可能對應兩個自由度，所以上下、左右、前後，它們總是兩兩一對的。

接下來，物理學家發明一種裝置，稱為偏振器，它可以篩選電子。比如，只允許上自旋的電子通過，或者只允許左自旋的電子通過。中國著名的量子通訊專家潘建偉教授，在他的實驗室裡，那些令人頭暈目眩的複雜設備，基本上都是各種偏振器。

為了更方便講解，我把偏振器畫成下圖的樣子：

箭頭向上的偏振器，表示只允許上自旋的電子通過，箭頭向右就表示只允許右自旋的電子通過，這個很容易理解。當科學家利用偏振器對電子實驗時，出現一個令人無比詫異的結果。

實驗過程如下圖所示：

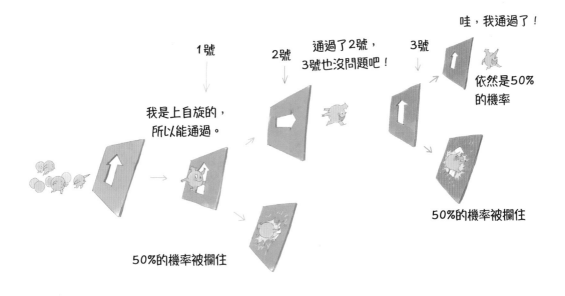

| 電子通過偏振器的實驗過程。 |

首先，讓一個電子飛向這個偏振器，如果通過了，說明這個電子是上自旋。然後，在這個偏振器後面再放一個同樣的偏振器，如下圖：

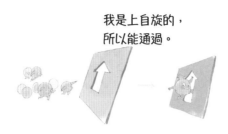

我是上自旋的，
所以能通過。

此時，不出意外，電子100%通過下一個同樣的偏振器，而且不論在後面放多少個同樣的偏振器，電子都能飛過去，完全符合人們的預期。

接下來，如果把第二個偏振器換成一個向右的偏振器，讓這個上自旋的電子繼續朝2號偏振器飛，你覺得會出現什麼情況呢？

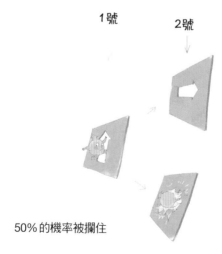

1號　　　2號

50%的機率被攔住

實驗結果也非常符合你的預期。因為，上自旋的電子有一半是左自旋，有一半是右自旋，這時候，電子有50%的機率能通過2號偏振器。實驗做100次，大約飛過去50個，次數愈多愈準確。

下面，我們就要見證令人感到無比怪異的關鍵實驗。我們在後面再放一個向上的3號偏振器。

　　你覺得這個電子能不能飛過去呢？我們已經做過一次實驗，如果沒有2號偏振器，電子100%會通過3號偏振器。按照地球人的正常邏輯，這個電子應該100%地通過3號偏振器，對嗎？

　　然而實驗結果讓物理學家跌破眼鏡：這個電子仍然只有50%的機率通過3號偏振器，儘管3號和1號都是上偏振器。

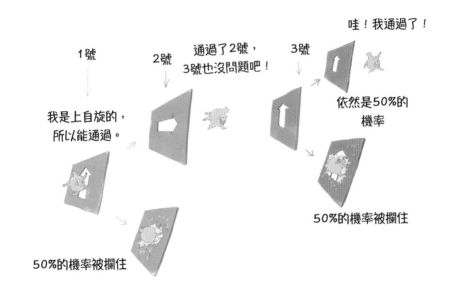

　　這意謂：不可能在兩個不同的方向同時測電子的自旋態！

　　看到這樣的實驗結果，以波耳為首的哥本哈根學派開心極了。他們認為：這就是電子不確定性原理的最佳證據，電子本身不存在確定的自旋態。在測量前，電子處在所有自旋態的疊加狀態，去追問到底是哪個態？

對不起，這個問題沒有意義！沒有意義！沒有意義！重要的話說三遍。

但是，以愛因斯坦為首的另一派提出另外一個解釋，這個解釋可能符合大多數人對世界的看法：因為測量行為本身影響電子的自旋態。也就是說，當電子通過2號偏振器時，這個偏振器已經隨機改變電子在上下方向的自旋態。

我現在想請問你，如果回到80多年前，你會站在哪一邊呢？愛因斯坦和波耳可是為了這個問題吵得不可開交。

電子自旋態的不確定性

> 根據角動量守恆定律，
> 假如紅電子是上自旋，藍電子必然下自旋。

　　有了前面這些背景知識，我就可以講解愛因斯坦放出的大絕招「EPR 悖論」。這個思想實驗如下：首先，把紅、藍兩個電子綁在一起，讓它們總角動量為零。

　　然後，用某種方法把這對綁在一起的電子炸開。你可以想像在它們中間放點火藥，然後砰的一聲炸開。於是，這對電子就分開了，藍電子朝左邊飛，紅電子朝右邊飛，讓它們分離得夠遠，比如說一個飛到台北，一個飛到高雄。我們在台北和高雄各放一個偏振器，如右圖：

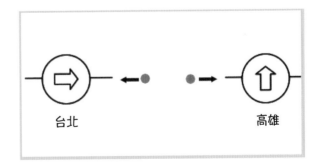

現在，假設兩個電子都通過偏振器，說明紅電子是上自旋。這是因為有一條物理法則叫作角動量守恆定律，這個定律規定物體原先的角動量是多少，分開後，各自的角動量之和必須和原先一樣。因此，根據這條物理法則，假如紅電子是上自旋，為了保證角動量守恆，藍電子必然下自旋。藍電子通過右偏振器，說明藍電子是右自旋，根據角動量守恆定律，紅電子必然左自旋。

　　這樣一來，不就確定紅藍電子在兩個方向上的自旋態嗎？

　　波耳，你不是說，不可能在兩個不同的方向同時測量電子的自旋態嗎？現在，紅藍電子在兩個方向上的自旋態不是都確定下來嗎？可見，不是電子有什麼神奇的疊加態，不確定性原理本質上就是因為測量行為干擾電子的自旋態，只要不去測量，它們的自旋態還是確定的！

| 紅藍電子各自展示自己的自旋態，波耳對此目瞪口呆。 |

波耳的反擊

> 波耳認為，紅藍電子是一個整體，
> 它們的自旋態在測量前並非客觀存在。

　　這個大絕招太厲害了！有點無懈可擊。1935年，物理學界都在關注EPR悖論，有一大批中間派的物理學家開心極了，他們等著看熱鬧，想看波耳、海森堡這些哥本哈根學派的大師怎麼應對愛因斯坦的大絕招。

　　波耳一看到EPR悖論的論文，頭都大了，他立即放下所有的工作全力迎戰，思考兩個月後，終於寫下一篇反擊論文。波耳這樣反擊 ── EPR悖論中，有一個關鍵性的假設錯誤，那就是測量紅電子的行為不會影響藍電子，測量藍電子的行為不會影響紅電子。這是錯誤的論點，因為紅藍電子處於一種神奇的量子糾纏態中，不論它們離得多遠，哪怕一個在宇宙的這頭，一個在宇宙的那頭，只要測量其中一個，立即就會干擾另外一個。

　　愛因斯坦一聽，快要氣壞了：好嘛，波耳老弟，你的意思是不是說紅藍電子有「心靈感應」，一個被打了，另外一個也馬上感到疼痛？這哪裡

是科學家說出的話！要知道，根據愛因斯坦的相對論，宇宙中任何能量和訊息的傳遞速度都不能超過光速，所以，這種暫時態的「心靈感應」不可能存在。

但是波耳卻說：對不起，愛因斯坦前輩，我沒有說您的相對論不對，我也沒有說紅藍電子有「心靈感應」，我只是說，紅藍電子是一個整體，它們的自旋態在測量前並非客觀存在；也就是說，電子的自旋態不像我們的身高和體重，不管測不測量身高、體重，我們長多高、有多重都是客觀存在。電子的自旋態則不一樣，在我們測量之前，自旋態這個物理量並不存在，只有在我們測量之後，這個物理量才會突然出現。

愛因斯坦聽完波耳這番解釋，當然全力反對。事實上，他們一直到去世，誰也沒有說服對方。

| 紅藍電子像一對情侶。 |

科學離不開實驗

> 如果你想要成為科學家，
> 動手做實驗與動腦思考同樣重要。

回顧本章故事，你會發現，科學離不開實驗。科學家之間的爭論總是依歸託付於具體的實驗結果，這個實驗可以是真實的實驗，也可以是思想實驗。

科學探索活動與實驗密切相關，再好的理論都需要得到實驗的檢驗，如果只停留在思辨層面，很難使科學真正進步。

所以，如果你未來想成為一名科學家，動手做實驗與動腦筋思考同樣重要。

電子的自旋態到底是不是一個客觀存在的物理量呢？什麼又是客觀存在呢？有沒有可能透過實驗判定呢？這些問題似乎已經到了哲學的範疇。但是，我敢保證，如果人類只有哲學思辨，永遠也吵不出一個結果。好在，我們還有數學與科學。到底誰對誰錯呢？下一章揭曉答案。

科學動動腦

我們跑步的時候，都會自然而然地邁左腳伸右手、邁右腳伸左手，你知道這是為什麼嗎？答案就是本章講到的一個科學小知識。你能自己查找資料，搞清楚原因，然後寫成一篇小論文嗎？

第 **7** 章

量子糾纏

何為客觀存在性？

貝爾用數學的方法證明，
電子的自旋態具有客觀存在性。

　　上一章講到，波耳提出一個把愛因斯坦氣壞的觀點。他說電子的自旋態在測量之前根本就不客觀存在。也就是說，在測量之前，到底哪個方向的自旋絕對不可能確定。

　　為了檢驗電子自旋態是否具備客觀存在性，很多實驗物理學家都非常苦惱，他們絞盡腦汁地想要找到解決方案，但是苦苦尋覓數十年，都沒有找到辦法。直到1964年，來自愛爾蘭的數學奇才貝爾（John Stewart Bell）出現了，他當時還是一個小伙子。他是愛因斯坦的超級粉絲，堅定地認為愛因斯坦一定是對的，波耳是錯的。為了幫自己心中的大師擊敗對手，貝爾努力思索到底怎麼做，才能證明電子的自旋態具有客觀存在性。

　　終於，皇天不負苦心人，他發現一個數學公式，這個公式被科學界稱為「貝爾不等式」（Bell inequality），有些書盛讚它為「科學中最深刻的發

現」。它厲害就在於可以用數學方法說清楚，到底什麼是客觀存在性。

此話怎講呢？讓我舉例說明什麼叫客觀存在性。比如說，存在的屬性年齡屬性，要嘛是成年人，要嘛是兒童，這就是一種客觀存在的屬性。除了年齡，你還能想到其他什麼可以把人一分為二的屬性嗎？或許你還想到可以分為戴眼鏡的和不戴眼鏡的。沒錯，這也是一個客觀存在的屬性。

數學家貝爾證明這樣一個規律，如果像我們剛才所說的年齡、是否戴眼鏡等是確定的、客觀存在的屬性，那麼，就必然存在這樣一個規律。

| 什麼是客觀存在性？ |

貝爾不等式

貝爾不等式有一個巨大的魔力，
可以使得EPR實驗從思維走向實驗室。

在任何一個人群聚集的場所，比如說餐廳，先把所有小男孩的數量數出來，然後再把所有戴眼鏡的成年人的數量數出來，你會發現，這兩個數字加起來的總和，一定大於或者等於這個餐廳中的所有戴眼鏡的男人數量，這裡的男人包括所有的成年男性和男孩。

小男孩數量＋戴眼鏡的成年人數量 ≥ 戴眼鏡的男人數量

任何一個人數固定的場所都必然符合此規律，全世界所有人也符合這個規律，不信的話，你下次去餐廳吃飯，或者去電影院看電影時，不妨數一下，驗證貝爾這個規律是否正確。貝爾證明的這個規律被稱為「貝爾不等式」。

當然，我們用年齡和眼鏡只是舉例，數學公式是一種抽象概念，它可以應用在各種具備類似客觀存在屬性的系統中。

　　貝爾不等式對於物理學家來說實在太重要了，因為它有一個巨大的魔力，可以使得EPR實驗從思維走向實驗室。只是很遺憾，貝爾不等式被提出來的時候，愛因斯坦和波耳都已經過世了。他們過去耗費無數個不眠之夜研究分析，但一直懸而未決的世紀大爭論，很快就要有一個終極判決。貝爾在1990年獲得諾貝爾物理學獎提名，遺憾的是，他在當年突然病逝，年僅52歲。因為諾貝爾獎只頒發給生者，所以諾貝爾獎的獲獎者名單上沒能留下貝爾的姓名，但是，貝爾不等式卻會永久地刻印在人類文明的歷史中。

　　你可能已經迫不及待地想知道，這個不等式跟EPR實驗有什麼關係呢？到底如何用貝爾不等式來判定愛因斯坦和波耳誰對誰錯呢？別急，請專心往下看。

諾貝爾獎只頒發給生者，所以諾貝爾獎的
得獎名單上沒有貝爾的名字。

愛因斯坦和波耳的分歧

> 如果兩個電子在分開的那一瞬間，已經決定自旋方向的話，
> 那麼EPR實驗測量結果必須符合貝爾不等式。

　　請回想上一章內容。科學家在實驗室已經發現，每當我們用偏振器測量電子的自旋態時，會發現它在某一個方向上只有兩種可能。也就是說，一個電子，要嘛能通過上偏振器，要嘛通過下偏振器。這個實驗已經做過千百次，結論無可置疑，愛因斯坦和波耳誰都不反對。

　　他們的分歧在於，愛因斯坦認為電子的自旋態就像一個人的年齡，是一個確定的、客觀存在的屬性。也就是說，電子的上自旋、下自旋像一個人是成年人還是小孩，是確定的。雖然可能被改變，但在一個固定的時刻，它總是確定的屬性。

　　但是波耳卻認為，電子的自旋態與人的年齡大不同，它不是一種客觀實在的屬性，也就是說，一個電子被測量前，它可以同時處在上自旋和下自旋的疊加態中，只要不去測量，我們就永遠不能說清楚電子的自旋態到

底是上還是下。只有在通過偏振器那個瞬間，才確定它的自旋態。

現在，輪到貝爾不等式充當法官。假設愛因斯坦是對的，電子的自旋態就像人的性別、年齡一樣，是一種客觀存在的屬性。那麼，我們可以把上自旋的電子看成男性，下自旋的電子看成女性，左自旋的電子看成成年人，右自旋的電子看成小孩，前自旋的電子看成戴眼鏡，後自旋的電子看成不戴眼鏡。

接下來，就可以數數了。我們利用愛因斯坦在上一章中想出來的EPR

實驗，不斷地產生很多的電子對，然後數一數有多少個小男孩電子、多少個戴眼鏡的成年人電子，以及多少個戴眼鏡的男性電子。

假如數出來的數量符合貝爾不等式，就證明電子的自旋態確實像人的性別、年齡一樣，是一種客觀存在的屬性；如果不符合貝爾不等式，就說明愛因斯坦錯了，波耳是對的，電子的自旋態不是客觀存在的屬性，疊加態這種很奇特的現象確實存在。

這裡要特別說明的是，貝爾不等式是用嚴格的數學式推導出來，數學是凌駕於物理學之上的規律。貝爾不等式在EPR實驗中的含義是說：如果兩個電子在分開的那一瞬間，已經決定自旋方向的話，那麼我們後面的測量結果必須符合貝爾不等式。也就是說，假如愛因斯坦的「上帝」是那個不擲骰子的慈祥老頭子，貝爾不等式就是他給這個宇宙定下的神聖戒律，兩個分離後的電子絕不能違反這個戒律。其實這根本不是敢不敢的問題，而是這兩個電子在邏輯上根本不具備這樣的可能性。

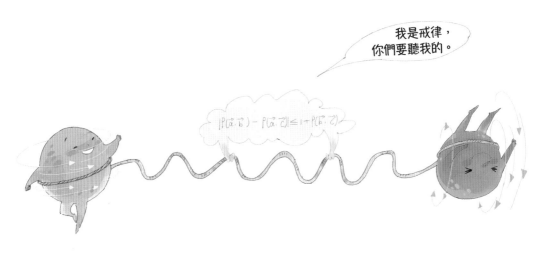

| 電子的測量結果必須符合貝爾不等式。 |

42
Section

上帝的判決

**1982年，科學家首次嚴謹檢測EPR實驗，
實驗最終結果是：愛因斯坦輸了，波耳贏了。**

愛因斯坦和波耳的爭論，最終取決於EPR實驗中，電子在各個方向上自旋狀態的測量結果。如果貝爾不等式仍然成立，愛因斯坦就會長呼一口氣，這個宇宙終於回到溫暖的、古典的軌道上。如果貝爾不等式被破壞，那麼，對於很多科學家來說，「上帝」就摘下慈祥的面具，變身為靠機率玩弄宇宙的賭徒。

有趣的是，貝爾是愛因斯坦的忠實擁護者，當他發現貝爾不等式後，他興奮不已，躊躇滿志。他信心滿滿地認為：只要安排一個EPR實驗驗證貝爾不等式，物理學就可以恢復榮光，恢復到那個值得我們驕傲和炫耀的物理學，而不是波耳宣揚的那個玩弄骰子的「上帝」。然而，貝爾不是實驗物理學家，他自己沒有能力完成這個實驗，他只能等待，這一等就是將近20年。

1982年，在法國奧賽光學研究所，人類歷史上首次嚴謹檢測EPR實驗，這次實驗被稱為「阿斯佩實驗」，因為領導的科學家叫阿斯佩（Alain Aspect）。實驗總共三個多小時，兩個分裂的光子分離的距離達到13公尺，累積了海量的資料。實驗的最終結果是：愛因斯坦輸了，波耳贏了。

真不知道當時的貝爾是什麼心情。不過，科學家都有一個最大的特點，就是認證據而不認權威，只要證據確定無疑，科學家會立即糾正錯誤，轉變想法。

量子糾纏

這個世界上不存在超自然現象，
區別只在於我們是否能用現有的科學理論解釋。

從阿斯佩開始，全世界各地的量子物理實驗室展開EPR實驗競賽，一直持續到今天，實驗精密度愈來愈高，實驗的原型愈來愈接近愛因斯坦最原始的想法。兩個量子分離的距離愈來愈遠，而且實驗對象甚至增加至六個量子。目前，這個實驗的世界紀錄保持者是中國的科學研究團隊，他們甚至實現地面上的光子和人造衛星中的光子糾纏。

EPR實驗的成功，用實實在在的證據說明以下兩點：

1.量子的很多屬性，例如電子的自旋態、光子的偏振態等，都不是一種客觀存在的屬性。

2.在一些特定的條件下，若干個量子無論分離得有多遠，測量其中一個量子的某些屬性，都會立即讓另外的量子的這種屬性也確定下來，從疊加態變為確定態。這就是波耳所說的量子糾纏現象。

波耳首次提出的量子糾纏現象得到實驗證實，這使全世界的物理學家都相當震驚。原來支持愛因斯坦的這一派就不用說了，即便是波耳這一派的人，當真正看到量子糾纏效應得到實驗證實的時候，也依然對這種神奇的現象驚嘆不已。微觀世界的奇特規律，再次打破我們的常規思維。

　　量子的疊加態是存在的屬性，量子的糾纏態亦然。兩個糾纏中的量子，當我們不去測量它們時，它們沒有確定的狀態，或者說，它們處在所有狀態的疊加態中。一旦我們測量其中一個，另一個的狀態也就立即確定。量子糾纏雖然很神奇，但並不神祕，它是量子疊加態的必然推論，是可以被我們理解的特性。

　　量子糾纏並不是一種超自然現象，它也是一種確定存在的自然現象，符合確定的自然規律，也不違背任何已知的物理定律。全世界的任何科學家都可以在實驗室中不斷地重複這種現象。這個世界上不存在超自然現象，一切現象都是自然現象，區別僅在於我們是否能用現有的科學理論解釋。暫時無法解釋的現象，並不代表未來不能解釋。有些人把量子糾纏渲染得很神祕，甚至以此證明神奇鬼怪的存在，這只能說明他們並沒有真正理解量子糾纏現象。

科學離不開數學

具備扎實的數學功底，
你就能在未來的科學探索中如虎添翼。

回顧本章故事，你會明白：

數學是科學研究中最可靠的工具，自然科學的研究離不開數學，無論再怎麼強調數學的重要性都不為過。

　　數學本身並不屬於自然科學。我們把數學這類完全靠符號建立起來的系統稱為「形式邏輯系統」，它是人類智慧的最高體現形式。數學家不需要做實驗，也不需要觀察大自然，他們僅僅需要一枝筆、一張紙或者一台計算機，就可以在數學王國中馳騁。數學是一種最高級的抽象思維，也是

我們這個宇宙中最確定、最普遍適用的規律。假如有一天我們發現外星文明，那麼我們一定能透過數學與他們交流，數學就是一種宇宙語。

如果你想成為科學家，必須從現在開始努力學習數學，具備扎實的數學功底，你就能在未來的科學探索中如虎添翼。

量子糾纏現象是物理學相當重大的發現，它為人類的未來科學找到一片神奇的新大陸。量子糾纏能提供哪些未來的應用呢？下一章揭曉答案。

科學動動腦

假如你現在透過無線電波發現外星人，並且只能傳送兩種不同的訊號給他，一種是長脈衝，一種是短脈衝，可以想像成只能傳送0和1兩個數字。那麼，請你想一想，如果要告訴外星人一個圓形，你該傳什麼樣的訊息給他呢？

第 8 章

量子電腦

量子電腦時代

量子糾纏鞋

只要其中一個鞋盒被打開，

另一個鞋盒中的鞋子也等於確定。

上一章介紹量子糾纏的基本原理，以及物理學家已經在實驗室中證實這種只能發生在微觀世界的神奇現象。這是科學家剛發現的一片新大陸，我們只不過才登上海岸。但是，僅僅站在岸邊的礁石上，就已經隱約地看到這片廣袤的大陸。

量子糾纏具有廣闊的應用前景，其中一個重要應用就是發明量子電腦。為了理解量子電腦的工作原理，需要再加深了解量子糾纏，比方說：

請想像一下，把一雙鞋子放進兩個鞋盒裡，不過，我們不知道哪一個盒子放右腳鞋，哪一個盒子放左腳鞋。只有一點確定：它們必定是一雙鞋子，而不是兩隻單只的鞋子。現在，我們把兩個鞋盒分開得夠遠，你打開其中一個，如果看到的是右腳鞋，那麼你就知道，另外一個鞋盒中必定是左腳鞋，反之亦然。

你可能在心裡嘀咕：感覺是在說廢話啊！拜託，請不要那麼著急好嗎？重點還沒來呢！

　　請注意一點，假如是一雙普通的鞋子，哪個鞋盒中的鞋子是左腳鞋，哪個是右腳鞋，在放入盒子中的時候就已經確定，不論是誰打開其中的一個，看到的結果都一樣。

　　重點來了，如果這雙鞋子不是普通的鞋子，而是一雙量子糾纏鞋，情況就完全不同。非常神奇的是，在盒子打開之前，裡面的量子鞋竟然處在左和右的疊加態中，既是左腳鞋，也是右腳鞋。你打開鞋盒之後，有可能看到左腳鞋，也有可能看到右腳鞋，這不確定，誰都無法提前知道。只有一點確定，只要其中一個鞋盒被打開，另一個鞋盒中的鞋子也等於確定，無論打不打開都確定。

　　這就是神奇的量子糾纏現象，它是量子疊加態的必然結果，雖然很神奇，但並不神祕。

傳統電腦配鑰匙

不管電腦運算速度有多快，
它只能一個個去試，直到試出正確的鑰匙為止。

　　科學家利用量子糾纏效應發明量子電腦，儘管還處在實驗室的研發階段，離實際應用還有一段很長的路要走，但是，沒有人懷疑它會成為未來的下一代電腦。

　　量子電腦跟我們現在的電腦很不一樣，它有一些特殊的本領是傳統電腦望塵莫及。差距有多大呢？比如說，用現在的電腦計算某一個方程式的解，可能需要好幾萬年，但是，同樣的計算工作交給量子電腦，只需要1秒鐘就夠了。你是不是感到很驚訝呢？量子電腦為什麼那麼厲害？它跟量子糾纏有什麼關係呢？別著急，你一定要打起精神，聽我詳細解釋。

　　我們先從最簡單的例子開始。

　　現在，我手裡有一把鎖，它有兩個齒孔，就像這樣，一個朝上，一個朝下：

這把鎖需要一把和它匹配的鑰匙才能打開，就像這樣的一把鑰匙：

但是，我不告訴你，這把鎖的兩個齒孔到底哪個朝上，哪個朝下，這樣一來，一共有4種可能，就像這樣：

如果你是配鑰匙的工匠，你覺得怎樣才能打開鎖呢？沒有其他好辦法，只能去試。先做第一把鑰匙，如果打不開鎖，就扔掉第一把鑰匙，做第二把鑰匙……運氣好的話，可能湊到第二把就打開了，但是運氣不好的話，可能要湊到最後一把鑰匙才能打開鎖。

傳統電腦解方程式的過程，就像這個配鑰匙的工匠，它的工作原理就是一把鑰匙、一把鑰匙去試，直到試出來為止。當然，電腦運算速度很快，不說全世界最快的電腦，即使家裡用的普通電腦或者手機，它的運算速度也能達到每秒鐘幾億次，這好比每秒鐘能配幾億把鑰匙。

　　但是，不論傳統電腦的運算速度有多快，它只能老老實實地一把鑰匙、一把鑰匙地試，沒有任何捷徑可以走。剛才我舉的例子只有兩個齒孔，所以，最多只有4種不同的可能性。如果齒孔的數量是3個，那麼就會有8種不同的可能性；齒孔是4個，就會有16種不同的可能性。這種可能性的增加速度非常快，當齒孔的數量達到40個，就有超過1兆種可能性。傳統電腦想要找到正確的鑰匙，還是只能老老實實地一個個去試，直到試出正確為止。

量子電腦配鑰匙

47
Section

> 這就好像你有一把萬能鑰匙，
> 不管這把鎖是哪一種，你都有與之對應的鑰匙形狀。

　　現在換量子電腦閃亮登場，一起來看看它怎麼配鑰匙。還是以只有兩個齒孔的鎖為例，我們不知道能打開鎖的到底是這4把鑰匙中的哪一把。

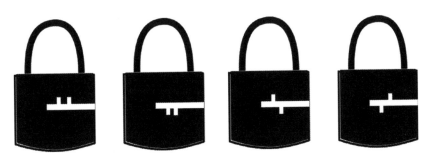

　　量子電腦配鑰匙的工具就用到量子糾纏。現在，我們製造出兩個糾纏的量子，每一個量子都有兩種自旋態，要嘛是上自旋，我用1表示，要嘛是下自旋，我用0表示。這樣一來，這兩個糾纏的量子有4種可能性：

11、10、01、00。這不就相當於對應了這把鎖的4種可能性嗎？

　　糾纏的量子有一個最神奇的地方，之前介紹過，它們可以同時處於4種狀態中，像這兩個糾纏的量子就是4種不同鑰匙的疊加態。

　　這時候，你用這把特殊的量子鑰匙去開鎖，其中必有一種狀態能打開鎖。這好像你有一把萬能鑰匙，不管這把鎖是4種中的哪一種，你總有與之對應的鑰匙形狀。假如現在齒孔的數量增加到3個，量子電腦要做的就是設法製造出3個糾纏的量子。只要能讓3個量子糾纏起來，依然是一次性成功，不需要去試。

　　所以，講到這裡你可能明白了，決定量子電腦運算速度的關鍵，在於能夠將多少個量子給糾纏起來。現在的世界紀錄是中國創造的，中國科技大學的科技研究團隊實現6個光量子的糾纏。由於每個光量子都同時存在3種狀態，因此，它相當於有18個2種狀態的量子糾纏。如果用量子鑰匙比喻，相當於它讓262,144把不同的鑰匙處在疊加態，可以在一瞬間打開有18個齒孔的鎖。如果讓傳統電腦來開鎖，運氣不好的話，得試20多萬次才能把鎖打開。

　　中國量子通訊專家潘建偉說，假如我們能同時操縱數百個糾纏的量子，這台量子電腦對特定問題的運算能力，將是全世界所有電腦運算總和的100萬倍。

　　量子電腦是不是很厲害呢？那麼，量子電腦具有何種實際用途呢？

量子電腦解密的原理

RSA演算法是一種發暗語的規則，
只有特定人士，才有看懂暗語的特定鑰匙。

量子電腦有一個最直接的用途就是開鎖，當然，它開的鎖不是真實的門鎖，而是電腦系統中的密碼鎖。比如，你要登錄通訊軟體或者電子信箱，是不是都要輸入密碼？在網路上付款時，也需要輸入密碼。這些密碼在網路虛擬世界中，就相當於現實世界中的門鎖，而打開這些虛擬世界門鎖的過程，就是破解密碼的過程。

今天的電腦網路中，最常用的加密演算法是RSA演算法（Rivest–Shamir–Adleman encryption）。什麼是演算法呢？

假設小明和小剛在一個很大的通訊群組裡，群組裡發送的任何消息對每個人都是公開的。但是小明想和小剛說一些悄悄話，不想讓別人知道，由於某種原因，他只能在群組裡和小剛聊天，無法私聊。這時候，小明如果希望別人看不懂自己發送的消息，就需要和小剛約定暗語，這種暗語只

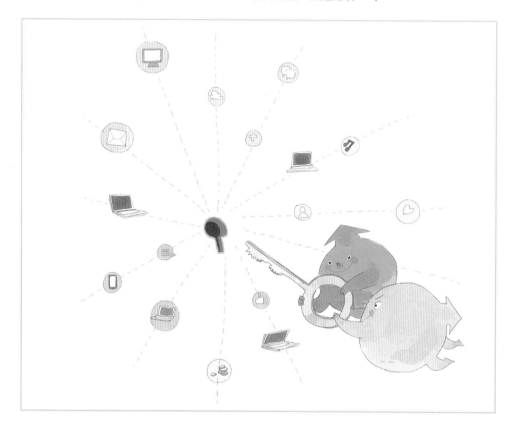

有小剛才能看懂。我們把這種暗語的規則稱為演算法。

所以，RSA演算法就是一種發送暗語的規則。最有意思的是，這種暗語的規則完全公開，任何人都知道小明發送暗語用這種規則，但別人知道規則也沒用，因為只有小剛才有看懂暗語的特定「鑰匙」。你是不是覺得很有趣？這個暗語規則到底是什麼呢？怎麼能達到這種效果呢？其實，RSA演算法的核心原理一點都不難，人人都能聽懂，解釋如下：

小明和小剛加入這個群組前就約定好，小剛那把特定鑰匙是數字3。

有了這個約定之後，小明就可以在群組裡放心大膽地傳送消息。比如說，小明想告訴小剛數字7，他就在群組裡傳數字21，小剛一看到21，立即明白小明想要告訴他的數字是7，為什麼？因為 $21 \div 3 = 7$。對於小剛來說，只要把小明發送的數字除以只有自己知道的數字3即可。

假如小明想告訴小剛數字9，他要傳什麼數字出去呢？你一定想到了，要發送的數字就是 $3 \times 9 = 27$，把27傳出去，小剛就知道小明想要告

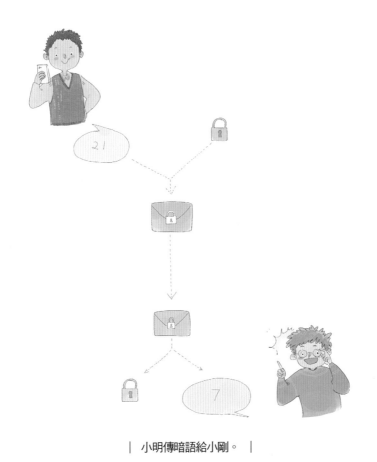

| 小明傳暗語給小剛。 |

訴自己的數字是9。只要能傳送數字，其實就意謂著可以傳送任何消息，因為任何一個漢字都可以編成一個四位代碼，以前發電報用的電報碼就是用數字給漢字編碼。

看到這裡，你可能會想，難道別人猜不出來小剛的鑰匙是3嗎？如果鑰匙真是3的話，當然猜得出來，因為21是3乘以7，27是3乘以9，連小學生都能看出來。可是，小剛的鑰匙數字如果大一點，比如說是20,047，這時候，小明如果想告訴小剛數字73，他發送的數字就是1,463,431。請問當你看到這個數字時，還能猜出來它是哪兩個數字相乘嗎？

絕大多數人靠心算算不出來，但是，如果你手裡有一台電腦，這倒不難。因為你可以把1,463,431用2、3、5、7⋯⋯這些數字一個個去除，很快就能找到73和20,047了這些數字叫質數，如果你不明白為什麼只需要試除質數就夠了，沒關係，很快就會在數學課上學到。

不過，如果小剛手裡的鑰匙數字長度達到100多位，那麼，你有再強大的傳統電腦也試不出來。準確地說，不是試不出來，而是試出來所需要花費的時間超過你的壽命，所以沒有意義。

RSA加密演算法的核心原理就是這麼簡單，而且完全公開。正因為簡單好用，現在被廣泛地採用，包括銀行的加密系統也大多基於這種演算法。然而，一旦出現能夠操縱100多個糾纏量子的量子電腦，要找到鑰匙數字就變得易如反掌，因為量子電腦可以同時對海量的數字進行試除。

科學理論是科技發明的翅膀

> 我們仔細考察科學史就會明白：
> 沒有理論的突破，技術只能非常緩慢地前進，不可能飛躍。

　　除了用來解密，量子電腦還可以大幅提高搜索資料庫的速度。現在我們在搜尋引擎中輸入一個關鍵字，電腦必須在資料庫中一條條去比對，直到找到與關鍵字相匹配的資料為止。量子電腦可以同時比對資料庫中的所有紀錄，瞬間找到匹配的資料。此外，科學家還設想，量子電腦可以用來類比無比複雜的天氣系統或者蛋白質分子。

　　不過，量子電腦不是萬能，它不能完全取代傳統電腦。因為它的計算能力只能在解決某些特定問題時發揮出來，例如我剛才說的解密問題。我們平時用傳統電腦做很多事情，比如看電影、聽音樂、玩遊戲、寄信等，暫時都還用不上量子計算能力。或許，未來的科學家能找到更多、更好的應用。畢竟，人類才剛剛登上量子計算這片神奇的新大陸，我們只不過才走出半步，在這片廣袤的土地上，一定還有無數激動人心的新發現。

透過本章內容，我想告訴你：

> 你現在看到所有令人眼花撩亂的科技發明，它們必須建立在最基礎的理論之上。

也就是說，首先要發現自然現象背後的規律，然後總結成一套可以經得起實驗檢驗的理論，只有完成這一步，才有可能發明出革命性的高科技產品。雖然在古時候，我們不知道原理也能做出各種技術發明，但是仔細考察科學史之後，就會明白：沒有理論的突破，技術只能非常緩慢地前進，不可能飛躍。所以，歷史上那些偉大的科學家，全都從事基礎理論研究，而不像電影中的科學家天天想著發明時間機器。

下一章，我將帶著你去了解另外一項全世界最尖端的高科技 —— 量子通信（quantum communication）。量子通信到底能不能超光速通訊呢？請你先猜一猜，下一章揭曉答案。

科學動動腦

你覺得量子電腦未來還能幫助人類實現哪些夢想呢？請運用你的想像力，大膽地想像吧！

第 9 章

量子通信

量子通信解決什麼問題？

既然再厲害的加密手段都無法抵擋量子電腦的強大運算能力，
那麼能不能從源頭解決問題，杜絕竊聽呢？

　　上一章請你猜一猜，量子通信到底能不能超光速通訊呢？很遺憾，答案是不能。科幻電影中的超光速通訊技術依然只是幻想，甚至連科學幻想都稱不上，因為沒有科學家知道該怎麼實現。

　　那麼量子通信技術到底是什麼樣的高科技呢？它又有什麼厲害的地方呢？其實量子通信要解決的不是通訊問題，而是通訊安全問題。

　　所謂的通訊，就是把消息從一個地方傳遞到另一個地方。面對面地說話、用手機打電話或者寫信，這些都是通訊方式。有時候，我們跟另外一個人通訊，卻不想被其他人知道，該怎麼辦呢？最簡單的辦法就是湊到他的耳朵旁邊說悄悄話。如果兩個人不在同一個地方，又該怎麼辦呢？最好的辦法就是用暗語通訊，我寫的內容只有我想告訴的人能看懂。把大家都能聽懂的話，轉變成只有通訊雙方才能懂的暗語的過程，就叫作加密。把

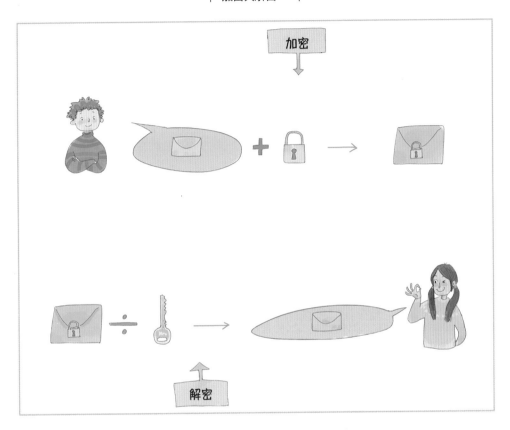

| 加密與解密。 |

加密

解密

加密內容還原成能理解的內容，專業術語叫作解密。

　　人們為了通訊安全，想出各種加密方法，可惜道高一尺，魔高一丈，再厲害的加密演算法，總有更聰明的人能想到破譯的方法，像量子電腦就具備超級強大的破譯能力。

　　於是，科學家思考，能不能發明一種絕對安全的通訊方式呢？既然再厲害的加密手段都無法抵擋量子電腦的強大運算能力，那麼，能不能從源頭解決問題，也就是杜絕竊聽呢？正所謂解鈴還須繫鈴人，這就需要依賴量子通信。

傳統通訊為什麼
會被竊聽？

所有的傳統通訊會被竊聽，
關鍵原因在於通訊過程中，資料被複製無數份。

量子通信為什麼能杜絕竊聽呢？要理解量子通信不能被竊聽的原理，必須先解釋為什麼傳統通訊會被竊聽。早期的電報機以及今天的手機、有線電話、對講機等，其實都是利用電磁波通訊。電磁波是一種看不見、摸不著，但真實存在的電磁訊號。

當我和你用手機通話的時候，連接你我手機的就是存在於空中的電磁波。這些電磁波能輕易地被第三方接收，就好像城市中所有人都可以打開收音機，收聽廣播節目，不會因為你收聽，我就聽不了。這既是優點，也是缺點。因為當我和你透過電磁波通訊時，第三方接收者可被視為竊聽者，而這個竊聽者可以神不知鬼不覺地存在，原因在於電磁波被第三方接收的同時，並不會影響我和你之間的通話，準確地說，這種影響程度非常微弱，難以察覺。

哪怕是有線電話，也無法防止被竊聽。電磁波雖然被約束在電話線中，但竊聽者只需要在電話線上接一條支線出來就能偷聽，甚至不用剝開電話線外皮，利用一些靈敏的儀器，就能在電話線附近接收到散失出來的微弱電磁波。

　　看到這裡，有些人可能想到光纖通訊，這是利用雷射通訊的技術。光纖是一種像玻璃的特殊材料，被絕緣皮包裹著。如果剪斷光纖，會看到斷頭上有很強的光線射出來。但光纖中傳輸的光訊號依然可以被竊聽，因為從本質上來說，雷射也是一種電磁波，竊聽會麻煩一點，但無法阻止。

　　其實，所有的傳統通訊之所以會被竊聽，關鍵原因在於通訊過程中，資訊被複製無數份。一束電磁波中，包含萬萬億億個光子，每一個光子都攜帶一份資訊。這就像你要給另外一個人傳送一句話：是金子總會發光

| 傳統通信方式被竊聽。 |

的。用電磁波通訊的過程，就是你叫來一億個快遞員，讓每一個快遞員都從你這裡取一個「是」字，送出去。然後又叫來一億個快遞員，每個人取一個「金」字送出去，每次一叫就叫一億個快遞員。那麼，竊聽者在半路上攔截幾個快遞員，搶走物品，在這個過程中，發送方和接收方都渾然不覺，因為同樣的快遞員實在太多。

這就是傳統通訊方式會被竊聽的根本原因。

單光子通訊方案

單光子通訊一次只發一個光子，
竊聽者只要一竊聽，馬上就會被察覺。

　　知道傳統通訊中訊息被竊聽的原理，科學家想出一個應對策略。其實這個策略說出來一點都不稀奇，你或許也能想到，那就是不要同時叫來那麼多快遞員，每發一個字只叫一個快遞員，每個快遞員從我這裡拿走的物品是唯一一份，沒有第二份。這樣一來，如果有快遞員中途被攔截，接收方馬上會發現收到的資訊不完整，這就等於發現竊聽者。接下去就可以採取措施，比如立即終止通訊，換一種加密方式，甚至換一條線路等。

　　這就是量子通信的核心原理，說出來真的一點都不高深，我們把原來一發就是萬萬億億個光子的電磁波通訊，改為一次只發一個光子的單光子通訊。這麼一來，竊聽者只要一竊聽，馬上就會被察覺。在物理學中，量子是對某些物理量特性的最小單位的統稱，因此，單光子通訊就是量子通信中的一種。理論上，我們也可以用單個電子通訊，原理和單光子通訊一

樣，只是目前在技術上，比較容易實現的是單光子通訊。

　　但是，單光子通訊是標準的知易行難。想到這個方案真的一點都不難，可是要實現這個技術卻比登天還難。因為光子實在是太微小了，比如說，一盞最普通的電燈泡，每秒鐘發出的光子數量約略能達到一萬億億個。要把那麼微小的光子一顆顆地發出去，技術難度可想而知！

　　2016年8月16日，中國成功發射「墨子號」量子實驗衛星，全世界第一個實現在500公里高的太空軌道，把一顆顆光子準確地打到地面的接收器上。這好像要你把1角的硬幣扔進50公里之外的礦泉水瓶子裡。如果你覺得很難的話，實際的難度比這個還大，因為衛星在繞著地球旋轉，所以，你還得站在一列全速行駛的高鐵中，然後朝著50公里外的一個礦泉水瓶扔硬幣。日本還只能實現一次扔1億個光子。

　　但是，講到這裡，只是介紹量子通信的核心原理，並不是量子通信的全部。因為，要真正實現不被竊聽，還有一個至關重要的問題。

量子不可複製原理

> 雖然可以利用量子糾纏複製出一個一模一樣的量子，
> 但是一旦複製成功，原始量子也必然被破壞。

　　在單光子通訊方案中，你有沒有想到一個可能的漏洞呢？

　　如果竊聽者對竊聽到的每一個光子，不是攔截，而是複製，不就同樣能達到竊聽目的嗎？為了幫助你理解，我們還是用快遞比喻。假如有一個人，在途中攔截一個快遞員，並打開快遞件，把裡面的資訊複製一份出來，再讓這個快遞員繼續送貨，這樣不就能偷偷竊取資訊嗎？訊息的發送方和接收方並不知道有人已經複製訊息。

　　科學家當然也會想到這個問題。慶幸的是，他們又發現一個量子世界的神奇規律，叫作量子不可複製原理。什麼是複製呢？就是在不破壞原物的情況下，做一個和原物一模一樣的複製品，而且必須保證原物和複製品都完好無損，這時候你就無法區別誰是原物，誰是複製品。那麼，量子能不能被複製呢？

答案是絕對不可能。其中的道理非常艱深，大致說來是這樣：一個量子的自旋態在被測量之前，是處在不確定狀態中，只有被測量之後才能確定下來。正是這個原因，使得一個量子的自旋態永遠也不可能被另一個量子複製。你想一想，假如要複製一個量子，就需要知道這個量子是什麼狀態，而要確定量子的狀態，就免不了測量。問題是，一個量子一旦被測量，它就不再是原來的狀態，它變成一個確定的狀態。在物理學上，我們把這個過程叫作「從糾纏態變成了本徵態」。本徵態和糾纏態是兩種不同的狀態。雖然我們可以利用量子糾纏複製出一個一模一樣的量子，但是，一旦你複製成功，原始量子也必然被破壞。所以，一個量子的量子態只能被傳遞出去，而不能被複製。這就是量子力學中的量子不可複製原理。

　　回到快遞的比喻。在量子的世界中，雖然你可以攔截快遞人員，但是，你只要一打開快遞件，讀取裡面的訊息，這個快遞件就被徹底破壞，你不可能再發送一個一模一樣的快遞件給收件方。你也不可能複製出一個快遞件，一個自己留下，一個再發送出去。

科學研究是對現象的還原

對宏觀世界的認知，
來自對微觀世界的探索。

正是因為量子不可複製原理的存在，才使得單光子通訊成為絕對安全、從理論上來說不可能被竊聽的量子通信方式，它在未來的軍事、國防和資訊安全領域將發揮極大的作用。

需要補充說明的是，目前實現的量子通信，天地之間傳輸的並不是直接需要的訊息，而是用來給訊息解密的鑰匙數字。回想上一章講的知識，在科學上，我們把這串鑰匙數字稱為「金鑰」，因此，今天的量子通信技術也被稱為「量子金鑰分配技術」（quantum key distribution）。

看到這裡，你應該能看穿社會上流行的兩種謊言：一種謊言說量子通信是一個大騙局，只不過是傳統的雷射通訊；而另外一種謊言則恰恰相反，把量子通信描述成無所不能的超光速通訊。透過這一章的學習，你應該看懂了，量子通信不是騙局，是實實在在的科學進步，只是很多人都沒

能正確理解量子通信的原理和用途。量子通信的速度也不可能超過光速，它依然是透過光子的運動來傳遞訊息，速度當然還是光速。

回顧本章故事，我們會發現：

> 科學研究是一種探索現象本質的過程。我們把一個現象還原得愈澈底，愈微小，就能對這個現象了解得愈深入，從而找到實現目標的有效方法。

如果不了解竊聽的原理是對電磁波訊號的「瓜分」，就不可能想出杜絕竊聽的量子通信。當然，如果沒有對量子現象的本質還原，也不可能實現量子通信。人類對大自然的認識，就是在這種不斷還原的過程中前進，對宏觀世界的認知來自對微觀世界的探索。

下一章，將是本書的大結局，我將為你盤點量子力學中，最為人津津樂道的話題。你想知道薛丁格的貓是生還是死嗎？你想知道當我們不去看月亮的時候，月亮是否存在嗎？你想知道市場上那麼多打著量子旗號的技術，哪些是真，哪些是假嗎？下一章揭曉答案。

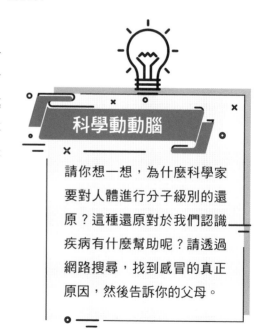

科學動動腦

請你想一想，為什麼科學家要對人體進行分子級別的還原？這種還原對於我們認識疾病有什麼幫助呢？請透過網路搜尋，找到感冒的真正原因，然後告訴你的父母。

第 10 章

量子力學
不神祕

令人困惑的量子力學

量子力學中有非常多足以衝擊人們傳統觀念的現象，
例如，一個量子的狀態可以處在疊加態之中。

孩子們，本書即將結束，你已經看到，科學家從思考光的本質開始，一點點地深入探索，最後終於打開奇妙的量子力學的大門，人類文明由此一腳跨入資訊時代。量子力學從誕生的第一天開始，就飽受質疑。它像是久經沙場的戰士，每經歷一次砲火的洗禮，都會變得更加強壯。

我們從討論光到底是一種波還是微粒的聚合開始，一點一點走進奇妙的微觀世界。科學家發現，在微觀世界中，量子的存在和行為方式，與我們在日常生活中見到的現象有極大的差別，以至於無數的大師級科學家都感到無比困惑和驚訝。波耳的一句名言：如果有人第一次聽到量子力學而不感到困惑，代表他沒有聽懂。

是的，量子力學中有非常多足以衝擊人們傳統觀念的現象。比如說，在微觀世界，一個量子的狀態可以處在疊加態之中。這個觀念首先由波耳

提出來，剛提出時，有許多科學家強烈反對；其中著名的科學家薛丁格，就是堅定的反對者之一。

　　薛丁格也是一位非常厲害的科學家，他想出一個直到今天依然被津津樂道的思想實驗反駁波耳的觀點。這個思想實驗就是大名鼎鼎的「薛丁格的貓」。這是怎麼一回事呢？

| 薛丁格堅決反對波耳的量子力學觀點。 |

原子衰變

按照波耳的觀點，在我們測量一個鈾原子之前，
它就處在衰變與不衰變的疊加態中。

在講解這個思想實驗之前，我先解釋一個概念，就是「原子衰變」。原子是構成萬物的基本單位，如果你把一根鐵絲不斷地分割，分到最後，你就能得到一個個鐵原子。宇宙中至少有100多種不同的原子，每種原子的質量還不一樣，科學家給原子編上號碼，序號愈大的原子就愈重。比如說，鉛原子就是82號，92號原子叫鈾原子。鈾原子是一種不穩定的原子，它可能突然變成鉛原子，就好像會變身的綠巨人浩克一樣。不過，原子的變身只能從序號大的變成序號小的，每次變身，質量都會衰減，所以，科學家把這種原子的變身叫作「衰變」。

原子衰變是一種隨機發生的現象。對於一個單獨的原子，我們根本無法預測它何時會發生衰變，這還真的有點像浩克，希望變身的時候，怎麼也不變；不想變身的時候，突然就變了。也就是說，一個鈾原子衰變還是

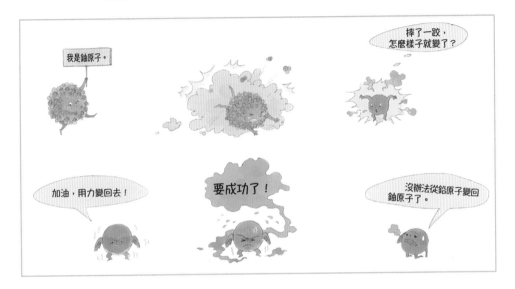

不衰變存在著不確定性。按照波耳的觀點，在我們測量一個鈾原子之前，它就處在衰變與不衰變的疊加態中，只有我們測量的時候，才能知道它到底有沒有衰變。

　　薛丁格聽到波耳的解釋，非常不以為然，他大聲地反駁說：「波耳老弟，玩笑開過頭了，原子怎麼可能同時處在衰變和不衰變的疊加態呢？」

　　波耳說：「哼，為什麼不行？！」

薛丁格的貓

薛丁格用數學中經常用到的反證法，
想證明波耳的觀點是荒謬的。

薛丁格也非佛心，他繼續反駁：「好吧，看來老弟你是死鴨子嘴硬，那我們來做個思想實驗。現在，想像一下，如果我們把一隻貓關在一個密閉的盒子中。然後，在盒子中放一個毒氣瓶，瓶子上方有一個精巧的機關，這個機關又連著一把錘子。這個機關是否觸發，就看機關中的鈾原子是否衰變。如果衰變，就會觸發機關，錘子落下，打破毒氣瓶，毒氣釋放，貓就死了。波耳老弟，按照你的說法，鈾原子在被測量之前，是處在衰變和不衰變的疊加態。那麼，我是不是可以說，在鈾原子被測量之前，這隻貓也是處在生與死的疊加態呢？請你解釋一下，一隻又生又死的貓到底是一種什麼樣的存在狀態吧！如果你解釋不了，以後就別再提什麼疊加態了，拜託！」

薛丁格這個思想實驗就是著名的「薛丁格的貓」，他用數學中經常

用到的反證法證明波耳的觀點荒謬。反證法的思路是這樣的，他先承認波耳所謂的疊加態存在，然後據此推導出一個聽上去很荒謬的結論，從而說明波耳的觀點也很荒謬。

| 薛丁格的貓。 |

那麼，薛丁格的貓到底有沒有駁倒波耳的理論呢？數十年來，科學家為此爭論不休。但總體而言，大多數科學家並不認為薛丁格的貓駁倒波耳的理論。比如說，有一些機智的科學家提出，薛丁格忘了一個重要的關鍵性問題。他假設原子衰變，機關就被觸發；原子不衰變，機關就不被觸發。但問題是，他沒有說清楚，當原子處在疊加態時，機關是觸發還是不觸發。這個鍋又甩回薛丁格，他只要一說清楚機關是觸發還是不觸發，貓就有確定的生死狀態，薛丁格的難題自然就被破解。還有一些科學家說，處在生死疊加態的貓並不荒謬，你又不是貓，你憑什麼說荒謬呢？

總之，關於薛丁格的貓，直到今天還是眾說紛紜。不過，不論大家怎麼認為，波耳的理論都經歷嚴苛的實驗檢驗，到現在還沒發現這個理論有什麼錯誤。

58
Section

電子是客觀存在的

電子被測量之前，不確定的只是某些狀態，
而不是電子本身是否存在。

　　正因為量子力學中的許多概念，都超出我們日常生活的經驗，所以，很多人看來，量子力學非常神祕，甚至有一些人因為對量子力學的誤解，得出一些看似令人震驚但並不正確的結論。比如說，有時候我們會在物理學家口中聽到這樣的話：一個電子，當你不觀察它的時候，它是不確定的；一旦你觀察它，它就確定下來。於是，有人據此說，當我們不看電子時，電子不存在；只有看電子，電子才存在。更加錯誤的是，又有人說，因為月亮也是由無數的基本粒子所構成，所以，當我們不看月亮的時候，月亮不存在；只有我們看月亮，月亮才存在。

　　這些說法犯了好幾個錯誤。

　　第一個錯誤，物理學中的觀察並不是人用眼睛去看才叫觀察。觀察指的是兩個系統之間產生互動，比如說，電子打在螢幕上，會形成一個亮

點。這就是電子與螢幕產生互動，我們可以說螢幕觀察電子，也可以說電子觀察螢幕。人的眼睛又是怎麼看到這個亮點的呢？那是因為有光子反射到了我們的眼睛中，這時候，就是一些光子與我們的眼睛產生互動，因此，我們可以說：我們觀察一些光子。當然，也可以說，光子觀察我們。

| 我們觀察光子，光子也觀察我們。 |

最恰當的說法應該是「測量」。因此，前面的章節一直說明：一個電子在被測量之前，是不確定的。我並沒有使用「觀察」這個詞，就是怕你們把「觀察」理解為「用眼睛看到」。實際上，我們的雙眼並不能發出光子，如果在一間漆黑的屋子中，你眼睛瞪得再大，也觀察不到任何東西。所以，我們的眼睛並不是直接的測量工具。

第二個錯誤，電子被測量之前，不確定的只是某些狀態，而不是電子本身是否存在。一個電子，即便沒有被測量，它的質量也是真實存在，並不會因為測量還是不測量而改變。月亮是由無數的基本粒子組成，這些基本粒子的質量、電荷等物理性質都真實存在，所以，哪怕我們不去看月亮，月亮也存在。

月亮確定在那裡

宏觀世界的一切現象，
實際上都是微觀世界的粒子行為的表現。

有一些人可能會反駁說，基本粒子的位置在被測量之前是不確定的，所以，月亮的位置在被測量之前就是不確定。這樣一來，我們是否可以說，當我們不看月亮的時候，月亮並不在天上的那個位置，只有我們看了以後，才確定月亮在哪個位置？

你覺得這個說法對嗎？當然也不正確。這倒不是因為微觀世界的規律到宏觀世界就不適用，恰恰相反，微觀世界和宏觀世界是沒有一條明確的分界線。其實，量子力學的所有原理和定律都可以用在宏觀世界中。只是，真正的區別在於，我們在日常生活中無法看到一個單獨的粒子是怎麼樣，我們看到的都是億億萬萬個粒子聚合在一起的表現。一群粒子和一個粒子表現出來的運動可能完全不同。

舉個例子，你在電視上看過海洋中的魚群嗎？幾萬條小魚組成的魚

無數個粒子堅持工作，才有了我們能看到的月亮的樣子。

群，整體上看去，它們有一條清晰的運動路線。如果只觀察其中任意一條魚，你會發現，這條魚的運動路線非常雜亂和隨機，你完全無法預測單獨一條魚下一刻在哪裡，可是你卻可以預測整個魚群下一刻在什麼位置。

構成月亮的億億萬萬個粒子也是一樣。在被測量之前，我們確實無法確定其中任何一個粒子的位置，但是，我們卻可以準確地知道，這億億萬萬個粒子整體處在什麼位置。每一個粒子都遵循著量子力學的基本原理，它們整體表現出我們在日常生活中所能感受的樣子。

因此，有時候你會聽到物理學家說，微觀世界的行為不能簡單地套用到宏觀世界。這並不是說宏觀世界的規律與微觀世界有什麼根本的不同，這句話的真正含義是，單個粒子所表現出來的規律，跟一群粒子所表現出來的規律，看上去不同，但它們是自怡的，宏觀世界的一切現象，實際上都是微觀世界的粒子行為的表現。微觀和宏觀只不過是我們為了語言描述上的方便，而人為製造出來的概念。這個真實的宇宙就是宇宙，自然規律可不會理會是微觀還是宏觀，自然規律也不會因為有人或沒有人而改變。

世界是客觀存在的

想要真正揭示自然規律的數學原理，
只能依靠科學。

　　由於對量子力學中「觀察」的錯誤理解，我們最常看到的一種錯誤觀點是，用量子力學證明人類的意識創造世界，或者用量子力學證明神仙鬼怪的存在。其實，宇宙已經存在138億年，地球也已經存在46億年，而智人的存在不超過20萬年，難道在20萬年前，自然規律會與現在有什麼不同嗎？

　　量子力學很神奇，在它的指導下，我們創造今天的資訊時代，我們周圍幾乎所有的高科技產品都有量子力學的身影。不過，請大家記住，一切打著量子旗號的保健用品、食品都是騙局，沒有例外。

　　最後，我想告訴你：

量子力學雖然神奇但並不神秘，它依然可以被我們理解，儘管人類面臨許多未解的難題，但未來要解答這些難題，還是只能靠科學，而不是靠宗教或者哲學。

宗教或許能幫助人們獲得內心平靜，哲學或許能幫助科學家選擇正確的研究方向，但想要真正揭示自然規律的數學原理，只能依靠科學。

科學探索是一場永無止境的攀登，每當我們解開一道謎題，就會發現更多新的謎題。那些自以為掌握終極真理、已經登頂的人的想法，都只不過是自欺欺人的妄想而已。

量子力學從誕生到現在不過百年，人類才剛剛走進微觀世界的大門，不知道還有多少精采的東西，在這個肉眼看不見的世界中等待我們。我真心希望，在這片神奇的新大陸上能夠留下你的足跡，在量子力學發展的里程碑刻印你的名字。

恭喜你看完本書，我期盼在你的腦海中留下這段話：

探索宇宙奧祕，需要永遠保持好奇心，學好數學，大膽假設，小心求證，用嚴格的實驗、精密的測量，不斷還原現象背後的本質；科學不愛求同存異，證據為王！

科學探索是一場永無止境的攀登。

科學動動腦

請把本書中你認為最重要的那句話，抄寫在你經常能夠看到的地方。

科學
圖書館
002

原來科學家這樣想2：為什麼量子不能被複製

作者：汪詰
繪者：龐坤
圖片授權：Shutterstock
責任編輯：李嬛婷
封面設計：黃淑雅
內文版型：黃淑雅・劉丁菱
內文排版：林淑慧
校對：李宛蓁、李嬛婷

總編輯：馮季眉
編輯：許雅筑
印務協理：江域平
印務主任：李孟儒

社長：郭重興
發行人：曾大福
出版：快樂文化出版/遠足文化事業股份有限公司
Facebook粉絲團：https://www.facebook.com/Happyhappybooks/
地址：231 新北市新店區民權路108-1號8樓
網址：www.bookrep.com.tw
電話：（02）2218-1417／傳真：（02）2218-8057
發行：遠足文化事業股份有限公司
地址：231 新北市新店區民權路108-2號9樓 電話：（02）2218-1417
傳真：（02）2218-1142 電郵：service@bookrep.com.tw
郵撥帳號：19504465
客服電話：0800-221-029
網址：www.bookrep.com.tw
法律顧問：華洋法律事務所蘇文生律師
印刷：凱林印刷
初版一刷：2020年5月　初版四刷：2022年12月
定價：380 元
ISBN：978-986-95917-7-5 (平裝)
Printed in Taiwan　版權所有・翻印必究

國家圖書館出版品預行編目（CIP）資料

原來科學家這樣想2：為什麼量子不能被複製
　汪詰著；龐坤繪. -- 初版. -- 新北市：
　快樂文化出版：遠足文化發行, 2020.05
　　面；　公分

　ISBN 978-986-95917-7-5（平裝）

　1.科學 2.通俗作品

308.9　　　　　　　　　　　　　109004496

特別聲明：有關本書中的言論內容，不代表本公司／出版集團之立場與意見，文責由作者自行承擔。

科學
圖書館
開啟孩子的視野

科學
圖書館

開啟孩子的視野

科學
圖書館

開啟孩子的視野

科學
圖書館
開啟孩子的視野